"新六艺"教材系列

U0744129

杨 艳 陈燚芳 编著

CHAYI

茶艺

浙江工商大学出版社 杭州
ZHEJIANG GONGSHANG UNIVERSITY PRESS

图书在版编目（CIP）数据

茶艺 / 杨艳，陈燚芳编著. -- 杭州：浙江工商大
学出版社，2024. 6. -- ISBN 978-7-5178-6099-0

Ⅰ. TS971.21

中国国家版本馆 CIP 数据核字第 2024YA3792 号

茶艺
CHAYI

杨　艳　陈燚芳　编著

出 品 人	郑英龙
策划编辑	王黎明
责任编辑	沈敏丽
责任校对	都青青
封面设计	林朦朦
责任印制	包建辉
出版发行	浙江工商大学出版社
	（杭州市教工路 198 号　邮政编码 310012）
	（E-mail：zjgsupress@163.com）
	（网址：http://www.zjgsupress.com）
	电话：0571－88904980，88831806（传真）
排　　版	杭州朝曦图文设计有限公司
印　　刷	杭州宏雅印刷有限公司
开　　本	710 mm×1000 mm　1/16
印　　张	16.25
字　　数	266 千
版 印 次	2024 年 6 月第 1 版　2024 年 6 月第 1 次印刷
书　　号	ISBN 978-7-5178-6099-0
定　　价	56.00 元

编委会

目 录

项目一
一片叶子连通古今

情境导入

北京时间2022年11月29日,我国申报的"中国传统制茶技艺及其相关习俗"(Traditional tea processing techniques and associated social practices in China),在摩洛哥拉巴特召开的联合国教科文组织保护非物质文化遗产政府间委员会第17届常会上通过评审,列入联合国教科文组织人类非物质文化遗产代表作名录。至此,我国共有43个项目列入联合国教科文组织非物质文化遗产名录、名册,居世界第一。

任务一 茶的发现和利用

任务布置

①正确辨认茶叶,了解茶树的特性
②了解茶树的生长环境
③了解中国茶文化的发展

任务分析

茶,通常是指用经过加工的茶树嫩叶制成的饮品,属低热值、无酒精的健康饮料。茶自发现到成为我国人民日常生活的"必需品"经历了数千年的历史。

一、茶树

茶树是一种嫩叶可用来制作茶叶的多年生常绿木本植物。中国是茶树的原产地。中国的西南地区既是世界上最早发现、利用和栽培茶树的地方，又是世界上现存野生大茶树最多、最集中的地方。

陆羽在《茶经》中是这样描述茶树的形态特征的：其树如瓜芦，叶如栀子，花如白蔷薇，实如栟榈，蒂如丁香，根如胡桃。

（一）茶树的种类

茶树品种按叶片大小可以分为特大叶类、大叶类、中叶类和小叶类，具体如表 1-1 所示。

表 1-1　茶树品种分类

	特大叶类	大叶类	中叶类	小叶类
叶长/厘米	叶长＞14	10＜叶长≤14	7＜叶长≤10	叶长≤7
叶宽/厘米	叶宽＞5	4＜叶宽≤5	3＜叶宽≤4	叶宽≤3

（二）茶树的生长环境

茶树的适生条件是茶树长期适应相应环境条件的结果。关于茶树对生长环境的喜好，可以归纳为"四喜四怕"。

茶树的生长环境如图 1-1 所示。

图 1-1　茶树的生长环境

1. 喜光怕晒

茶树中有 90% 以上的物质靠光合作用合成。光照充分时,茶树的叶片比较肥厚、坚实,叶色相对深,有光泽,品质成分含量丰富,制成的茶叶滋味浓厚;相反,若光照不足,茶树叶片则大而薄,叶色浅,质地较松软,水分含量相对较高,茶叶滋味较淡。茶树虽然喜欢阳光却怕晒,喜漫射光,怕直射光。在空旷的全日照条件下生长的茶树,叶形小,叶片厚,节间短,叶质硬脆,制成的茶叶品质不佳;在漫射光下生长的茶树,嫩芽内品质成分含量丰富,持嫩性好,品质优良。

2. 喜暖怕寒

据研究,茶树最适宜的生长温度在 20—30℃,当气温下降到 10℃ 时,茶芽会停止萌发,进入休眠状态。一般来讲,中小叶种茶树的抗寒性比大叶种茶树的抗寒性强,大叶种茶树能适应的最低温度为 −6℃,中小叶种茶树能适应的最低温度为 −16℃。茶树不喜欢高温,当气温超过 35℃ 时,茶树新梢会出现枯萎和叶片脱落的现象。

3. 喜湿怕涝

在热量和养分满足茶树生长需求的条件下,水分是影响茶叶产量的主要因素。栽培茶树最适宜的年降水量约为 1500 毫米。对处于生长期的茶树来说,月降水量要求在 100 毫米以上,土壤相对含水量以 80% 为佳。长期干旱或湿度过高均不适宜茶树生长。此外,低洼地长期积水、排水不畅,茶树根系发育受阻,也不利于其生长。

4. 喜酸怕碱

优良茶区的土壤土质疏松,土层深度至少有 1 米,这有利于茶树根系的茁壮发育。土壤的酸碱度(pH 值)以 4.5—5.5 为宜。若有黏土层、硬磐层,或地下水位高,则不适宜种茶树。石砾含量不超过 10%,且含有丰富有机质的土壤是较理想的茶园土壤。

茶 思 政

从茶树的生长环境看茶性

"上者生烂石,中者生砾壤,下者生黄土。"——《茶经·一之源》

"茶之笋者,生烂石沃土。"——《茶经·三之造》

不与稻谷争良田的茶树,最喜的不是生精华的沃土,而是杂有碎石的

土壤。这种偏好,仿佛与世界文化的多样性一般——各美其美,美人之美,美美与共,天下大同——大家各自灿烂,互不颉颃。

二、茶园

我国是世界上茶树栽培历史最悠久的国家。茶树的种植规模大、适种范围广。自北纬18°的海南榆林到北纬38°的山东蓬莱,自东经94°的西藏米林到东经122°的台湾东岸,中国这片广大区域内有1000个左右的县(市、区)种植茶树。根据《2023年中国茶叶产销形势报告》,截至2023年底,全国茶园面积有5149.76万亩,同比增加154.36万亩,增幅3.09%;茶园总面积排名前三的省份是云南、贵州、四川。

1986年中国农业科学院茶叶研究所在《中国茶树栽培学》中,根据自然和社会经济条件、茶叶生产特点和发展水平、行政区域等因素,将中国茶区划分为西南、华南、江南和江北四大茶区,各茶区具体特点如表1-2所示。

表1-2　四大茶区及其特点

项目	西南茶区	华南茶区	江南茶区	江北茶区
地域范围	中国西南部的茶树生长区域包括贵州、四川全境,云南中北部,重庆中北部,以及西藏东南部	中国南部的茶树生长区域包括广东中南部、广西中南部、云南南部、福建东南部、香港、台湾、海南	长江以南、南岭以北的茶树生长区域包括浙江、湖南、江西三省全境,广东、广西、福建三省(区)北部和安徽、江苏、湖北三省南部等地	长江以北的茶树生长区域包括河南、陕西、甘肃、山东等地的部分区域和安徽、江苏、湖北三省北部
气候特点	亚热带季风气候;年降水量在1000毫米以上,降水分布不均;空气相对湿度在80%左右	热带季风气候和亚热带季风气候;年平均气温在18—24℃,茶树生长期常在10个月以上,年降水量为1200—2000毫米;空气相对湿度大于80%	亚热带季风气候;年平均气温在15—18℃,年降水量为1100—1600毫米,春、夏两季多雨;空气相对湿度在80%左右	亚热带季风气候和暖温带季风气候;年平均气温在13—16℃,年降水量约为1000毫米,降水分布不均,茶树较易受旱;空气相对湿度在75%左右,东部和南部可大于75%
代表茶品	滇红、川红、都匀毛尖、蒙顶黄芽、普洱、碧潭飘雪、龙都香茗等	铁观音、凤凰水仙、漳平水仙、凤凰单丛、冻顶乌龙、六堡茶等	西湖龙井、碧螺春、黄山毛峰、太平猴魁、武夷岩茶、安化黑茶、福鼎白茶、正山小种等	恩施玉露、信阳毛尖、碧峰雪芽、六安瓜片、霍山黄芽等

茶 思 政

一片叶子富了一方百姓

在宁德工作期间,习近平曾先后四次来到福安市社口镇坦洋村这个古老茶村调研,要求当地因地制宜给茶叶分级,要成片、成规模地种植,科学管理,打出品牌,还亲自指导推进茶种改良,提升茶叶质量。

2020年4月,在陕西考察时,习近平步入茶园,沿途察看春茶长势。当从茶农口中得知茶园的收成不错时,习近平高兴地说:"希望乡亲们因茶致富、因茶兴业,脱贫奔小康!"

正如习近平曾称赞的,一片叶子富了一方百姓。茶产业的发展让一座座荒山变成了"金山银山"。一棵棵茶树,一个个茶园,也正铺就一条前景广阔的乡村振兴之路。

任务实施

走进茶园

走进茶园,采摘一片茶树叶子,制作叶脉标签,并完成茶树生长环境的知识整理。

表1-3　茶叶图谱

茶叶标本	茶树植物学特征

茶树生长环境

任务评价

表 1-4　茶园学习任务评价表

项目	评价内容		组内互评	小组评价	教师评价
知识	应知应会	茶树植物学特征	优□良□差□	优□良□差□	优□良□差□
		茶树生长环境	优□良□差□	优□良□差□	优□良□差□
能力	收集、整理、表述	查找	优□良□差□	优□良□差□	优□良□差□
		分析	优□良□差□	优□良□差□	优□良□差□
		归纳	优□良□差□	优□良□差□	优□良□差□
		整理	优□良□差□	优□良□差□	优□良□差□
		表述	优□良□差□	优□良□差□	优□良□差□
态度	积极主动		优□良□差□	优□良□差□	优□良□差□
	热情礼貌		优□良□差□	优□良□差□	优□良□差□
提升与建议				综合评价	优□良□差□

考核日期：　　　　　　　　　　考核人：

任务实施

参观茶叶博物馆

参观中国茶叶博物馆及校园"微茶博物馆"，了解茶叶的生产加工过程、茶文化的发展与传播、国内外饮茶习俗等相关知识，并运用多种途径收集资料，准备 1 份 5 分钟的解说词，可以适当穿插一些故事传说。

任 务 评 价

表 1-5　讲解任务评价表

项目		评价内容	组内互评	小组评价	教师评价
知识	应知应会	茶叶的起源	优□良□差□	优□良□差□	优□良□差□
		茶叶的发展	优□良□差□	优□良□差□	优□良□差□
能力	收集、整理、表述	查找	优□良□差□	优□良□差□	优□良□差□
		分析	优□良□差□	优□良□差□	优□良□差□
		归纳	优□良□差□	优□良□差□	优□良□差□
		整理	优□良□差□	优□良□差□	优□良□差□
		表述	优□良□差□	优□良□差□	优□良□差□
态度	积极主动、热情礼貌		优□良□差□	优□良□差□	优□良□差□
	有问必答、耐心服务		优□良□差□	优□良□差□	优□良□差□
提升与建议				综合评价	优□良□差□

考核日期：　　　　　　　　　　考核人：

任 务 实 施

学习《茶经》

通读《茶经》全书，了解陆羽撰写《茶经》的过程，并摘抄第一章，试着分析第一章中包含的知识信息。

摘抄部分　　　　　　　　　　　　　包含信息

_____　　　_____

_____　　　_____

_____　　　_____

_____　　　_____

_____　　　_____

_____　　　_____

_____　　　_____

_____　　　_____

_____　　　_____

任务评价

表 1-6 《茶经》学习任务评价表

项目	评价内容		组内互评	小组评价	教师评价
知识	应知应会	《茶经》第一章内容	优□良□差□	优□良□差□	优□良□差□
		《茶经》第一章意思	优□良□差□	优□良□差□	优□良□差□
能力	收集、整理、表述	查找	优□良□差□	优□良□差□	优□良□差□
		分析	优□良□差□	优□良□差□	优□良□差□
		归纳	优□良□差□	优□良□差□	优□良□差□
		整理	优□良□差□	优□良□差□	优□良□差□
		表述	优□良□差□	优□良□差□	优□良□差□
态度	积极主动		优□良□差□	优□良□差□	优□良□差□
	潜心学习		优□良□差□	优□良□差□	优□良□差□
提升与建议				综合评价	优□良□差□

考核日期： 考核人：

任务二 茶文化的形成与传播

任务布置

①了解中国茶文化的形成与发展过程
②了解茶叶的外传途径和传播方式
③掌握我国及部分其他国家的饮茶习俗

任务分析

一、中国饮茶的源流

中国是茶的故乡,也是茶文化的发祥地,中国茶文化以历史源远流长和底蕴丰厚著称于世。作为"开门七件事"(柴、米、油、盐、酱、醋、茶)之一,饮茶在古代中国是非常普遍的。中国人饮茶,据说始于神农时代,距今有4700多年了。茶在中国的应用过程,可以分为三个阶段:药用阶段、食用阶段、饮用阶段。

茶 百 科

茶的别名

陆羽在《茶经》中记载:"……一日茶,二日槚,三日蔎,四日茗,五日荈……"

文人在诗词中描述茶:不夜侯、涤烦子、森伯、余甘氏、离乡草……

茶的饮用方式随着茶叶加工工艺的发展而与时俱进,不断演变,不断发展。我国饮茶的发展历程大致经历了四个时期。

(一)三国两晋南北朝时期

三国两晋南北朝时期,人们将茶投入水中烹煮而饮。茶叶经过晒干或烘干,和米粥一起搅和捣成茶饼。煮饮之前,先将茶饼炙烤成深红色,再捣成茶末。饮用时,有的将茶末煮成羹汤,加盐调味而饮,有的将茶末佐以姜、桂、椒、橘皮、薄荷等熬煮成汤汁而饮。这在三国时魏国张揖的《广雅》和东晋至南北朝时期桐君撰写的《桐君采药录》等很多古籍中都有记载。这种饮茶法在唐朝以前是很盛行的一种方法,它是由将茶汤当菜汤的吃法演变而来的。

(二)隋唐时期

隋唐时期除了延续三国两晋南北朝时期的饮茶法外,还有专门的泡茶法和煎茶法,粗茶、散茶、末茶、饼茶皆可泡饮,有加葱、姜等作料的,也有不加作料的。中唐以前,茶叶加工粗放,故烹饮也较简单,源于药用的煮熬和源于食用的烹煮是其主要形式。中唐以后,煎茶法盛行。煎茶时,顶多加点盐调味。煎茶与煮茶的主要区别有二:其一,煎茶之茶,一般是末茶,而煮茶用散茶、末茶皆可;其二,煎茶于汤二沸时投茶,并加以环搅,三沸则止,而煮茶则投茶于冷、热水中皆可,须经较长时间的熬煮。

陆羽在《茶经》中详细记载了煮茶的操作步骤,一共有八步:炙烤茶饼—研碾茶末—罗筛茶末—茶鍑或茶铛煮水—投茶末入茶鍑或茶铛—以茶匙或箸搅拌—培育汤花—饮茶。

（三）两宋时期

茶兴于唐而盛于宋。在北宋，制茶方式出现变化，如团饼茶制得更小，压制得更紧，干燥度更高，给饮茶方式带来深远的影响。宋代著名茶人大多数是著名文人，这加快了茶与相关艺术的融合。宋代饮茶技艺相当精致，最流行的是点茶。点茶比唐代的煎茶更为讲究，其程序包括炙茶—碾罗—候汤（煮水）—熁盏（用火烤盏或用沸水烫盏）—点茶等。

（四）元代、明代时期

元代，散茶也渐渐在茶叶消费中占据一席之地。饮茶方式分为清饮和调饮两类。清饮即饮用不加作料的茶。调饮即在茶中加入米面、麦面、酥油后再饮用。

明代以后，基本上不再用茶饼，主要用叶茶。这就简化了点茶的程序。

现代人饮茶大多推崇清饮，其方法就是将茶直接用开水冲泡，强调茶的"纯粹"，追求茶的"本味"，例如品龙井、啜乌龙、吃盖碗茶、泡九道茶和喝大碗茶。但也有部分少数民族地区的人喜欢在茶叶或者茶汤中加入各种调味料烹煮饮用。

二、中国茶文化的形成与发展

茶文化指人类社会在历史实践中所创造的与种茶、制茶及饮茶有关的物质财富和精神财富的总和。它包括茶艺、茶道、茶具和与茶有关的众多文化现象。

（一）三国以前茶文化的启蒙

很多书籍把茶的发现时间定为公元前2737—2697年。西汉时已将茶的产地县命名为"茶陵"，即今湖南的茶陵县。东汉华佗的《食论》载有"苦茶久食，益意思"，记录了茶的医学价值。三国时期的《广雅》最早记载了饼茶的制法和饮用方法："荆巴间采叶作饼，叶老者饼成，以米膏出之。"茶以物质形式出现并渗透至人文科学中，形成了茶文化的启蒙。

（二）晋代、南北朝时期茶文化的萌芽

随着文人饮茶之风兴起，有关茶的诗词歌赋日渐问世，茶已经脱离一般形态的饮食，走入文化圈，具有一定的精神作用和社会作用。

(三)唐代茶文化的形成

虽然神农氏最早发现并利用茶只是传说,但中国茶文化的形成源于唐代却是不争的事实。唐代能够在全国范围内形成浓厚的饮茶风气,与陆羽等人的大力提倡有极为密切的关系。公元8世纪,陆羽著《茶经》,对种茶、采茶、茶具的选择、煮茶的火候、用水以及如何品饮都有详细的论述,把儒、道、佛三教文化融入饮茶,首创中国茶道精神。陆羽写出了《茶经》,创制了茶道二十四器,1987年陕西法门寺出土的一套唐代宫廷茶器就是典型的代表。之后又出现了大量茶书、茶诗,有《茶述》《煎茶水记》《采茶录》《十六汤品》等。

唐代茶文化的形成与佛教的繁荣有关。因茶有提神益思、生津止渴的功能,故寺庙崇尚饮茶,在寺院周围植茶树,制定茶礼,设茶堂,选茶头,专承茶事活动。在唐代形成的中国茶道包括宫廷茶道、寺院茶礼、文人茶道。

茶 思 政

"茶之为用……最宜精行俭德之人"

此语出自《茶经》,概括了茶道精神的四个关键字:精、行、俭、德。可以理解为:精诚专一,行为自律,品性俭朴,淡泊守德。意思是:第一,喝茶的人必须是精神专一的人,至少喝茶的时候要静心,做事也应该有这样的态度;第二,喝茶的人是比较自律的,不会给别人增加麻烦;第三,喝茶人的品性应该是俭朴的,而不是追求奢华的,非常低调,内敛谦逊;第四,喝茶的人淡泊名利,能够守住自己的操行。

(四)宋代茶文化的兴盛

中国茶史上历来就有茶兴于唐而盛于宋的说法。宋代文人中出现了专业品茶社团,如由官员组成的"汤社"。宋太祖赵匡胤是位嗜茶之士,宋徽宗赵佶御笔亲书的《大观茶论》流传后世。宋代在宫廷中设立茶事机关,宫廷用茶已分等级。茶仪已成礼制,赐茶成为皇帝笼络大臣、眷顾亲族的重要手段,茶还会被赐给外国使节。在宋代,不仅茶成为人们日常生活中不可或缺的物品,而且饮茶的风俗深入民间生活的各个方面。例如,有人迁徙,邻里要"献茶";有客来,要敬"元宝茶";订婚时要"下茶";结婚时要"定茶"。民间斗茶风起,带来了采、制、烹、点的一系列变化。

图 1-2 为南宋刘松年所作的《撵茶图》。

图 1-2　刘松年《撵茶图》

（五）明清茶文化的普及

明代已出现蒸青、炒青、烘青等制茶工艺，茶的饮用已改成"撮泡法"。明代不少文人雅士留下与茶有关的传世之作，如唐伯虎的《烹茶画卷》《事茗图》，文徵明的《惠山茶会图》《品茶图》等。此时茶类增多，泡茶技艺有别，茶具有多种款式、质地、花纹。至清朝，茶叶出口已成为一个正式行业，茶书、茶事、茶诗不计其数。

三、中国茶文化的对外传播

大量史料皆能证明我国是茶的原产地，是茶的故乡。有关茶的一切知识，如饮茶习俗、茶的加工与栽培技术、茶文化等，最初都是从我国直接或者间接地传出的。中国茶对外传播的途径主要有陆路和海路两种。

（一）茶的陆路传播

1. 向中亚、西亚的传播

中国茶最早是从陆路向与中国接壤的邻国传播的。早在西汉时，张骞两次出使西域，开辟丝绸之路，至唐代，都城长安已成为中国对外文化和经济交流的中心。当时的中原一带,饮茶已是"比屋皆饮""投钱可取"。许多阿拉伯商人,在中国购买丝绸、瓷器的同时,也常常带走茶叶。于是,中国的茶叶从陆路传播到阿拉伯国家,饮茶之风逐渐在中亚和西亚一带传播开来。

2.向欧洲的传播

中国茶除经海路传到西欧外,还有一条经陆路传播到欧洲的通道。此路以山西、河北为枢纽,经长城,过蒙古国,穿越俄罗斯的西伯利亚,直达欧洲腹地。而蒙古国由于是这条国际商路的必经之处,因此饮茶的开始时间较早。据《宋史》载:"永德在太原,尝令亲吏贩茶规利,阑出徼外市羊。"可见,宋朝时中国已与蒙古国用茶换物,说明当时蒙古国人已开始饮茶了。

3.向南亚、东南亚的传播

1780年,南亚的印度开始试种茶,但一直未获得成功。为此,印度于1834年成立植茶问题委员会,到中国购买茶种,聘请中国茶工,将茶种于印度的大吉岭。经过百余年的努力,直到19世纪后期,茶叶才在大吉岭一带发展开来。在印度之后,南亚的孟加拉国也开始种茶。巴基斯坦种茶是在20世纪80年代初中国派专家指导后才获得成功的。缅甸、柬埔寨、越南等与中国是近邻,中国茶文化都是通过陆路传播到这些国家的,这些国家种茶的历史也都比较长。

(二)茶的海路传播

1.向朝鲜半岛的传播

中国茶通过海路向外传播的历史也很早。4世纪末5世纪初,饮茶之风开始进入朝鲜半岛。不过,当地人种茶却始于中国的唐朝时期。朝鲜史书《东国通鉴》记载:"新罗兴德王之时,遣唐大使金氏,蒙唐文宗赐予茶籽,始种于全罗道之智异山。"当地的教育制度还规定,除"诗、文、书、武"为必修课外,还要学习"茶礼"。12世纪,当地的松应寺、宝林寺等著名寺庙积极提倡饮茶,使饮茶之风很快普及到民间。自此,当地人不但饮茶,而且种茶,但由于气候等原因,茶叶主要依靠进口。

2.向日本的传播

有人认为,中国茶进入日本始于汉代。因为汉光武帝时,日本派遣使臣来中国,向汉光武帝表达敬意;同时,汉光武帝也向使臣还以印绶。而日本发掘出的弥生后期的文物中,就有茶籽。另外,日本飞鸟时代药师寺的药草

园中有种过茶树的痕迹。由此,人们推测,早在汉代,中国茶已通过海路传播到日本。有确切史料记载的年代是在唐代,804年,日本高僧最澄和弟子义真来中国天台山国清寺学佛,回国时,带回了茶籽,种于日本近江的台麓山,其成为日本最古老的茶园。如今,遗址尚存,并立碑为记。815年,日本嵯峨天皇巡幸近江,经过梵释寺时,该寺的永忠和尚亲手煮茶进献,天皇赐予御冠。天皇巡幸后,下令畿内、近江、丹波、播磨等地种茶作为贡品,日本的茶叶生产开始发展起来。

3.向欧洲的传播

清代赵翼《檐曝杂记》载:"自前明已设茶马御史……太西洋距中国十万里,其番舶来,所需中国之物,亦惟茶是急,满船载归,则其用且极于西海以外矣。"由此可知,中国茶在15世纪初,已较多地输往欧洲。

17世纪初,荷兰东印度公司开始大量从中国贩运茶叶至欧洲各国。随着欧洲饮茶风尚的盛行,普鲁士国王在波茨坦市的无忧宫花园内,特地修筑了一座具有中国风格的茶亭,称"中国茶馆",后被毁。1993年,德国政府为保护历史文物,投资200万马克,修复"中国茶馆"。

随着国际交流的频繁开展,中国茶文化会进一步走向世界,使世界上更多的人享用到中国丰富多彩的名优茶并领略中国的品茶艺术。中国茶走出国门之后,迅即受到世界人民的青睐,成为世界人民须臾不可离且与咖啡和可可并列的世界三大无酒精饮料之一。走出国门的中国茶文化与世界各国的民族文化交流融合,形成了多姿多彩的各国茶文化,促进了世界茶文化的繁荣。

茶 思 政

茶叙外交

茶叶是中国老百姓再熟悉不过的东西。自古以来,中国茶叶随着丝绸之路传到欧洲,逐渐风靡世界,与丝绸、瓷器等一起被认为是共结和平、友谊、合作的纽带。在中国的外交场合,茶叶被多次作为国礼赠送给外国元首、政要,茶叶也是有效搭建外交途径的桥梁。

习近平主席多次与外国领导人一同"茶叙",共话友好未来。共建"一带一路"倡议的提出为中国茶"走出去"带来了千载难逢的机会,茶叶已经成为中国人民与世界人民,特别是共建"一带一路"国家的人民相知相交的重要媒介。

从"一片叶子富了一方百姓"的经典论述,到茶叙外交,路因茶而生,贸易因茶而兴。

四、饮茶习俗

（一）中国饮茶习俗

在中国五千年的历史长河中,茶文化一直贯穿其中,并在漫长的发展历程中形成了各种带有民族特色和地域特色的茶文化。由于茶文化的不同,各地区、各民族泡茶、喝茶的方式也有所不同。

汉族大多推崇清饮,以保持茶的"纯粹",追求茶的"本味"。在茶的选择上,江南的绿茶、北方的花茶、西南的普洱茶、闽粤一带的乌龙茶均适合清饮。而少数民族的茶文化则更加丰富多彩。

1.藏族的酥油茶

酥油茶是一种用茶、酥油和水等原料制成的饮品。藏族人民生活的地区多为高海拔地区,空气稀薄,气候干旱寒冷。从前,当地居民多以放牧或种旱地农作物为生,蔬菜瓜果很少,常年以青稞做的糌粑为主食。茶成了藏族人民补充营养的主要来源,以及日常生活的必需品。

制作酥油茶的酥油,是煮沸的牛奶或羊奶经搅拌冷却后凝结在奶液表面的一层脂肪。制作酥油茶时,要先把茶砖切开捣碎,放在小土罐内烤至焦黄,然后熬成茶汁倒入酥油桶内,加入酥油、花生、盐、鸡蛋和炒熟捣碎的核桃仁等,再用一根特制的木棒上下抽打,直到酥油、茶汁、辅料充分混合成浆状,最后倒入锅里加热即可。酥油茶多与糌粑一起食用,有御寒、提神醒脑、生津止渴的功效。

饮酥油茶也需要遵循一定的礼仪。例如,饮茶讲究长幼有序、主客有序。煮好的茶必先斟献于长辈;敬茶时需在客人喝一口后,立即为其斟满;客人在喝茶时,不能一口气喝完,而应该小口慢饮;客人不想再喝,则应不动茶碗或用手盖住茶碗;客人临走时,如果茶碗里的茶还没有喝完,可以一饮而尽,也可以不喝,以表示今后再相会或"富足有余"的良好寓意。

2.蒙古族的咸奶茶

喝咸奶茶(如图 1-3 所示)是蒙古族的传统习俗。在牧区,他们习惯于"一日三次茶,一日一顿饭"。

图 1-3　蒙古族的咸奶茶

　　蒙古族的咸奶茶用的多是青砖茶或黑砖茶，并用铁锅烹煮。制作时，先把茶砖打碎，并将洗净的铁锅置于火上，盛水 2—3 千克，烧水至刚沸腾时，加入打碎的茶 25 克左右。当水再次沸腾 5 分钟后，掺入奶，用量为水的 1/5 左右。稍加搅动，再加入适量盐巴。等到整锅开始沸腾，咸奶茶便煮好了。

　　煮咸奶茶看起来简单，技术性却很强。茶汤滋味的好坏，营养成分的多少，与用料、加水、掺奶以及加料次序都有很大的关系。如茶叶放迟了，或者加茶和奶的次序颠倒了，茶味就会出不来。而煮茶时间过长，又会使茶香味丧失。蒙古族同胞认为，只有器、茶、奶、盐、温五者互相协调，才能制成咸香适宜、美味可口的咸奶茶。

　　3.侗族的打油茶

　　打油茶又称"吃豆茶"，是侗族传统的待客之物。在喜庆佳节，或亲朋贵客进门之时，侗族人总喜欢用做法讲究、作料精选的打油茶款待客人。打油茶所用炊具很简单，只需一口炒锅、一个由竹篾编成的茶滤、一只汤勺。作料一般有茶油、茶叶，以及晾干的糯米、花生仁、黄豆和葱花等。打油茶一般要经过 4 道工序才可制成。

　　(1)选茶。通常有两种茶可供选用，一是经专门烘炒的末茶，二是刚从茶树上采下的幼嫩新叶，这可根据个人口味而定。

（2）选料。打油茶用料通常有花生仁、黄豆、芝麻、糯米、笋干等，应预先制作好待用。

（3）煮茶。先生火，待锅底发热，放适量茶油入锅，待油面冒青烟时，立即投入适量茶叶翻炒。当茶叶散发出清香时，加上少许芝麻、食盐，再炒几下，即放水加盖，煮沸3—5分钟，这又香又鲜的打油茶就制作好了，可将打油茶连汤带料起锅盛碗待喝。

（4）配茶。如果打油茶是作为庆典或宴请用的，那么，还得进行第四道工序，即配茶。配茶就是将准备好的食料先行炒熟，取出放入茶碗中备好。然后从茶汤中捞出茶渣，将茶汤趁热倒入备有食料的茶碗中供客人吃茶。

4. 傣族的竹筒茶

竹筒茶，傣语称为"腊踩"，因茶叶具有竹筒香味而得名，是傣族人民喜爱的别具风味的一种茶饮。竹筒茶主要盛行于云南西双版纳，至今已有200多年的历史。

制作竹筒茶的毛竹特别有讲究，需在春夏之交，选一年生的鲜嫩野生甜香竹，截取大小、粗细适中的节段。第一步，将晒干的春茶或经过初加工的毛茶装入竹筒内。第二步，将装有茶叶的竹筒放在火塘上烘烤6—7分钟，茶叶会被烤出的竹筒汁水浸润软化。这时，用木棒将竹筒内的茶叶填满压紧，再继续加入茶叶烘烤。如此边填边烤，直至竹筒内填满茶叶为止。第三步，待茶叶烘烤完毕，用刀剖开竹筒，取出部分茶叶放入茶碗，倒入沸水3—5分钟后，便可饮用。

竹筒茶既有茶的醇厚滋味，又有竹子的清香，令人回味无穷。

（二）其他国家的饮茶习俗

从中国传播至世界各地的茶与茶文化，在历史的积淀下，与不同国家、不同地区各具特色的文化相结合，发展出新的茶文化形态。

1. 日本的茶道

日本茶道起源于中国，至今还保持着中国唐宋时代的古风。起初日本的禅师将中国的茶籽带回日本进行播种，并将中国的饮茶之道进行传播，后来逐渐发展而形成了茶道。

在日本，茶道和煎茶道有着相当大的区别。一般所谓的茶道，叫作"茶之汤"，其饮茶方式是由宋代饮茶法演变而来的；煎茶道则是由明代饮茶法演变而成的。

现代日本茶道一般在面积不大、清雅别致的茶室里进行。室内有珍贵古玩、名家书画。茶室中间放着供烧水的陶炭(风)炉、茶锅(釜)。炉前排列着各种沏茶、品茶用具。日本茶道有一套固定的规则和复杂的程序仪式。例如,客人到达时,主人已在门口敬候。茶道开始,宾客依次行礼后入席,主人先捧出甜点供客人品尝,以调节茶味。之后主人严格按一定程序泡茶,按照客人的辈分,从高到低,依次递给客人品饮。点水、冲茶、递接、品饮都有规范动作。结束后,客人鞠躬告辞,主人跪坐门侧相送。整个过程,始终体现日本茶道"敬、和、清、寂"的精神。

2. 印度的奶茶

印度是世界红茶的重要产地,又是茶叶消费大国。印度人对茶叶的喜爱与当地的民俗融合在一起,产生了独具特色的印度茶俗。

印度人的喝茶方式比较特殊,他们喜欢将茶叶切碎,加奶或糖做成奶茶,再把奶茶盛在盘中,用舌头舔着喝,也称"舔茶"。

由于气候差异,印度南、北两地制作奶茶的方式差别很大。南部饮用的奶茶又被称为"拉茶"或"香料印度茶"。制作时,先将大锅中的水烧热,然后加入红茶和姜煮沸,再加入牛奶,等再次沸腾后加入马萨拉(一种调味料)。煮好后将茶水装入一个带龙头的大铜壶中。在饮用之前,先从壶中倒出一杯,再将这一杯倒入另一个杯子中,反复在两个杯子中倒进倒出,每次都在空中"拉"出一条弧线。这种方式不仅可以让牛奶的味道完全渗入茶中,而且可以让牛奶和茶叶的香味在"拉茶"过程中完全释放,茶拉得越长,起泡越多,味道就会越好。印度北部饮用的奶茶叫"煮茶"。制作时,只需在锅中倒入牛奶,置于炉上加热,待牛奶沸腾后加入红茶,再以小火慢熬几分钟,最后加糖、过滤、装杯即可。这种习俗后来传入马来西亚,也成为该国的传统饮茶方式。

3. 巴基斯坦的调味茶

在巴基斯坦,绝大部分人信仰伊斯兰教,禁止饮酒,但可饮茶。当地气候炎热,居民多食用牛、羊肉和乳制品,缺少蔬菜,因此,长期以来当地养成了以茶代酒、以茶解腻、以茶消暑、以茶为乐的饮茶习俗。

巴基斯坦人大多习惯饮红茶。他们普遍喜欢牛奶加红茶,流行把红茶与肉桂、八角、茴香籽等多种香料和牛奶混合煎煮。调味茶大多采用茶炊烹煮法制成,即先将壶中的水煮沸,然后放入红茶,再烹煮3—5分钟,随即用过滤器滤去茶渣,然后将茶汤注入茶杯,再加上牛奶和糖调匀即饮。另外,也有少数不加牛奶而代之以柠檬片的,也叫柠檬红茶。

在巴基斯坦的西北高地及靠近阿富汗边境地区生活的牧民,也有饮绿茶的。饮绿茶时,多配以白糖和几粒小豆蔻,也有清饮或添加牛奶和糖的。

4.泰国的腌茶

泰国北部地区的人有吃腌茶的习俗,与我国云南少数民族(如景颇族)制作腌茶的方法一样,通常在雨季腌制茶叶。所用的茶叶是未经加工的鲜叶,将生茶腌制成酸味制品,吃时拌入食盐、生姜、花生等,干嚼佐餐,所以腌茶其实是一道菜。

5.伊朗的含糖啜茗

伊朗人尤其喜爱红茶,他们品茗的方法十分独特,体现了伊朗特有的品茗习俗。伊朗人饮茶既不属于清饮,也不属于西亚、欧洲那种与其他食品相结合的调饮,而是别致的"含糖啜茗"。这是一种比较特殊的饮茶方式。新沏出的红茶略苦微涩,欧洲人一般加牛奶,而伊朗人从不加奶,只加方糖,而且用法特别。方糖并不投入杯里,而是直接放入口中,然后就着糖啜茶。如此一来,糖块的大小、融化的快慢就可以决定茶水甜度的高低,这种由饮者自由控制甜度的饮茶法与一杯茶一个味道的普通饮法大不相同。

更特别的是,伊朗人喝茶讲究见水不见茶,送到客人面前的这杯茶,杯底不能有渣滓,而且要求汤还是热的,还得有香味。因此,他们在泡茶时除了讲究过滤外,还要保持茶汤的温热和香味。

6.英国的下午茶

红茶是英国人普遍喜爱的饮料。英国本土没有茶叶种植,因此红茶的进口量长期居世界前列。

英国饮茶风俗始于 17 世纪。1662 年葡萄牙凯瑟琳公主嫁给英王查理二世,将饮茶风尚带入英国王室。凯瑟琳公主使饮茶之风在英国宫廷中盛行起来,继而又扩展到普通百姓。为此,英国诗人沃勒在凯瑟琳公主结婚一周年之际,特地写了一首有关茶的赞美诗——《论茶》(*On Tea*):"花神宠秋月,嫦娥矜月桂;月桂与秋色,难与茶比美……"这首《论茶》又被称为《饮茶王后之歌》,是最早的英国茶诗。该诗一经问世,不仅在英国宫廷内引起轰动,而且很快在社会上广为流传。沃勒也因此名声大振,家喻户晓。

Tea,The Cure-All

If you are cold,tea will warm you.

If you are too heated,tea will cold you.

If you are depressed,tea will cheer you.

If you are exhausted,tea will calm you.

这首诗的作者威廉·格拉德斯通不仅担任过英国首相,而且是个有名的茶客。这首诗写出了作者在各种情绪下的饮茶体验,赞美饮茶给人一种超然的感受。

试着翻译一下吧:

英国人特别注重午后饮茶,这种习惯始于 19 世纪中期。英国人重视早餐,轻视中餐,直到晚上 8 时以后才进晚餐,而中餐、晚餐之间时间间隔长,使人有疲惫饥饿之感。为此,英国第七代贝德福德公爵的夫人安娜就在下午 4 时左右,请大家品茗用点,以提神充饥。久而久之,午后饮茶逐渐成为一种风俗,一直延续至今。如今,在英国的饮食场所、公共娱乐场所等地,都供应下午茶。在英国的火车上,还备有茶篮,内放茶、面包、饼干、红糖、牛奶、柠檬等,供旅客饮下午茶用。下午茶,实际上是一餐简化了的茶点,一般只供应一杯茶和一碟糕点。只有招待贵宾时,食物种类才会丰富。饮下午茶,是当今英国人的重要生活内容,已开始传向欧洲其他国家,并且其影响有进一步扩大之势。

任务实施

民族茶文化展示

以"多彩的民族茶文化"为主题,分组查找我国某个少数民族的饮茶历史和文化,整理成图文资料,通过演示文稿进行介绍与展示。

任务评价

表 1-7　展示任务评价表

考核内容	评价要求	分值	组间评分	教师评分	最终得分
演示文稿制作	画面简洁、清晰、醒目	10			
	展示内容与演讲内容一致	10			
演讲内容	内容丰富、全面	15			
	逻辑清晰,条理清楚	10			
	结构完整,重点突出	15			
	有一定的自主思考和分析	10			
语言表达	流畅、连贯	10			
	表达简洁,用词得当	10			
整体印象	仪态端庄,行为得体	10			
总分		100			

考核日期:　　　　　　　　　　　考核人:

能力拓展

钟敲四下,一切为下午茶而停

享用下午茶,是英国各个阶层的固定习俗。英国有句谚语:"钟敲四下,一切为下午茶而停。"可见英国人对下午茶的重视。地道的英式下午茶包括以下几方面。

1.奢华考究的茶具

在英式下午茶中,精致的上等茶具非常重要,包括白底描花瓷器和银器。据说在缺乏阳光的英国,银质茶具体现了人们对阳光的渴望。

2.精致美味的茶点

正式的英式下午茶需用三层点心盘盛装,最下层放三明治、手工饼干等咸味食物,中间层放传统英式点心——司康,最上层放蛋糕及水果等。

不论这个点心盘中的食物种类如何变化,司康、果酱和手工饼干都是必不可少的。而小黄瓜三明治则是英式贵族的代表性茶点。

3.精美合身的服饰

最传统的英式下午茶场合,男士会穿黑色礼服,女士则穿镶着蕾丝花边的丝绸裙子。现在英国王室正式下午茶场合仍要求男士穿燕尾服、戴高帽、手持雨伞;女士穿日间礼服,戴头饰或帽子。

4.茶中英伦百态

喝茶时的规矩包括:先倒茶,再倒牛奶;搅拌牛奶时,要来回反复地搅拌;茶勺要放在茶碟上离自己最远的位置;不要攥着茶杯环,而应用食指和拇指捏住杯环,并用中指托住杯环底部;如果桌子过低,可以在齐腰位置端着茶碟。

任务三　茶叶的分类与保存

任务布置

①掌握茶叶的分类

②掌握茶叶品质好坏的评判依据

③了解茶叶的储存方法

任务分析

一、茶叶的分类

我国产茶历史悠久,茶叶品种繁多。茶叶分类和命名的方式也很多,一般依据茶叶形状、色泽、香气,茶树品种、产地,以及茶叶采摘时间、制茶技术和销路等的不同来分类与命名。

按茶叶形状命名,如珍眉、瓜片、紫笋、雀舌、松针、毛峰、毛尖、银峰、银针、牡丹等;按茶叶的色泽和香气命名,如敬亭绿雪、白毫银针、十里香等;按采摘时间命名,如春尖、春蕊、秋香、冬片等,有些地方将茶叶分为明前茶、雨前茶、六月白、白露茶、霜降茶等；按茶树品种命名，如肉桂、水仙、铁观音、毛蟹、大红袍、黄金桂等；按销路命名，如内销茶、外销茶、侨销茶、边销茶等。按茶树生长环境分类，可将茶叶分为高山茶和平地茶。按发酵程度分类，可将茶叶分为不发酵茶、半发酵茶、全发酵茶三类，绿茶属于不发酵茶，红茶属于全发酵茶，其他茶类发酵程度介于其间。按照加工工艺分类可将茶叶分为两大类——基本茶类和再加工茶。

（一）基本茶类

基本茶类是指茶树鲜叶经过初制、精制后，不再进行再加工或深加工的茶，可分为绿茶、红茶、青茶（乌龙茶）、黑茶、白茶、黄茶六类。

1. 绿茶

绿茶的加工工艺流程为：采摘鲜叶、摊放、杀青、揉捻、干燥。

其中杀青是形成绿茶品质特征的关键工序。经过高温杀青，鲜叶的内源酶活性被破坏，这抑制了茶多酚的氧化反应和叶绿素被过多破坏，使制成的茶叶呈现出绿茶特有的绿叶绿汤、清香爽口的品质特点。由于酶的活性被破坏，茶多酚被更多地保留下来，同时维生素 C 也较少被破坏。据测定，绿茶中的茶多酚和维生素 C 含量比其他茶类要高许多。从营养保健的角度来看，可以说在六大类茶中，绿茶是最健康的。

2. 红茶

红茶的加工工艺流程为：采摘鲜叶、鲜叶萎凋、揉捻、发酵、干燥。

红茶与绿茶的加工工艺大相径庭。在绿茶制作中，鲜叶需要杀青，以钝化酶的活力，抑制茶多酚的氧化反应。而红茶正相反。在萎凋、揉捻、发酵过程中，就是要充分利用酶的催化作用，来促进茶多酚的氧化聚合反应。茶多酚的一系列氧化聚合产物经过综合作用就形成了红茶特有的红叶红汤的品质特征。干燥后的红茶，因各种色素浓缩，呈现出乌黑油润的色泽，所以红茶的英文译名不是"red tea"，而是"black tea"。

3. 青茶（乌龙茶）

青茶的加工工艺流程为：采摘鲜叶、萎凋、做青、炒青、揉捻（或包揉）、干燥。

青茶也称乌龙茶，是我国特有的一类茶。从加工工艺上可以看出，它的制法较为复杂，是将红茶和绿茶的制法组合起来形成的一种制茶方法。所以青茶兼有红茶、绿茶的品质优点，既有红茶的甜醇、绿茶的清香，又无红茶之涩、绿茶之苦。汤色也介于两类茶之间，呈橙红色。青茶的叶底有红有

绿,素有"绿叶红镶边"之美称。青茶最突出的、有别于其他茶类的一个品质特征,是它具有天然的、沁人心脾的花果香。这些品质不仅来自它独特的制作工艺,还与茶树品种有着密切关系。另外,青茶特殊的采摘标准也是决定其独特品质的一个重要因素。一般红茶、绿茶的鲜叶采摘均以幼嫩芽叶为贵,而青茶却要求鲜叶原料有一定成熟度。一般以茶树新梢长至一芽四、五叶且形成驻芽时的顶部二、三叶为采摘对象,俗称"开面采"。所以,青茶外形条索粗壮,叶底芽叶粗大,不如绿茶具有观赏价值。

4.黑茶

黑茶的加工工艺流程为:采摘鲜叶、摊放、杀青、揉捻、渥堆、干燥。

在所有茶类中,黑茶最为粗老。其制作工艺是在绿茶工艺中加进了一个渥堆工序,因渥堆过程中叶量多,持续时间长,温度、湿度高,茶叶内的多酚类物质在湿热和微生物的作用下,充分进行自动氧化和各种化学反应,从而形成了黑茶特有的品质特征——干茶色泽油黑或黑褐,汤色橙黄明亮,叶底暗褐,滋味陈醇、浓厚。

5.白茶

白茶的加工工艺流程为:采摘鲜叶、鲜叶萎凋、烘干或晒干。

白茶为我国特有的茶类,产量较少,主要产于福建省。白茶的工艺看似最简单:首先将鲜叶进行长时间萎凋,直至八九成干,然后文火慢烘或日光曝晒至全干,即得白茶。茶叶不炒不揉。实际上在长时间的萎凋和慢烘过程中,茶叶内的物质发生了各种变化。随着萎凋的进行,鲜叶水分减少,酶的活性增强,叶内多酚类物质氧化聚合,同时淀粉、蛋白质分别水解为单糖、氨基酸,这些都为白茶特有的品质奠定了物质基础。白茶的独特品质,不仅来自其制法,还与茶树品种有着密切关系。白茶制作常选用芽叶上茸毛丰富的品种,这样的品种加上白茶的制作工艺,才能使所制的成品茶具有芽叶完整、密披白毫、色泽银绿、汤色浅淡、滋味甘醇的品质特征。

6.黄茶

黄茶的加工工艺流程为:采摘鲜叶、摊放、杀青、闷黄、揉捻、干燥,或者采摘鲜叶、摊放、杀青、揉捻、闷黄、干燥。

黄茶是我国特有的一类茶,产量极低,其加工方法与绿茶接近,只是在加工绿茶的工序中多了一道闷黄的工序。闷黄过程中,在湿热的作用下,叶绿素被破坏,茶叶失去绿色,形成黄茶黄汤黄叶的品质特征。同时,闷黄工序还令茶叶中多酚类物质等发生变化,使儿茶素大量减少,可溶性糖、游离氨基酸以及芳香物质增加,从而使茶叶苦涩味减弱,滋味更加甜醇,香气更加清新。

（二）再加工茶

再加工茶是指以六大基本茶类为原料,采用一定的方法对原料进行再加工而制成的茶,主要包括花茶、紧压茶、萃取茶及药用茶等。

花茶主要以绿茶、红茶或者青茶为茶坯,配以能够吐香的鲜花制作而成,如茉莉花茶、茉莉毛峰、茉莉银针等。

紧压茶是以基本茶类为原料,经加工、蒸压成形而制成的一种茶,如湖南的黑砖茶、云南的饼茶等。

萃取茶是以成品茶或半成品茶为原料,用热水萃取茶叶中的可溶物,过滤弃去茶渣获得茶汁,经过一定的加工工序,如浓缩、干燥等,制成的固态茶或者液态茶,如罐装茶饮、浓缩茶、速溶茶等。

药用茶是在茶叶中添加食物或者药物制作而成的、具有一定疗效的液体饮料,如益寿茶、减肥茶等。

二、茶叶品质评价

一般来说,茶叶品质好坏的评判主要从茶叶的外形、汤色、香气、滋味,以及叶底性状几个方面入手。

（一）外形

外形主要指干茶(加工过后的茶叶)的形状、嫩度、色泽、碎度和净度。

看形状的茶有炒青茶、烘青茶、条茶、红毛茶。条茶看条索的松紧、弯直、圆扁、壮瘦、轻重,以紧直、浑圆、壮实、沉重的为好,以粗松、弯曲、瘦扁、轻飘飘的为差。炒青茶、烘青茶、红毛茶以紧直、有锋苗的为好,以松扁、弯曲的为差。

（二）茶汤

茶汤是指茶叶冲泡后,水浸出物溶解在热水中形成的液体。可以从茶汤的色度、亮度和清浊度等方面对茶叶的品质进行评价。

色度指茶汤的颜色,主要与茶叶加工过程中发酵的程度有关,不同的茶类呈现出不同的色度。

茶汤以明亮见底为好。绿茶看碗底,反光强就明亮;红茶观察汤面碗

边,品质较好的红茶会呈现出一圈金黄色的光圈,俗称"金圈","金圈"颜色不正且暗而窄的,亮度差,品质亦差。

汤色纯净透明,无混杂,称为清。如果茶汤浑浊,则可能由加工过程操作不良导致,或者由茶叶劣变及陈变产生的酸、馊、霉导致。

茶百科

区别两种茶汤浑浊情况

(1)咖啡因能与多酚类化合物,特别是多酚类的氧化产物——茶红素、茶黄素,形成不溶于冷水的络合物,当茶冷却后会呈现乳酪状沉淀,一般多见于红茶。

(2)细嫩多毫的茶叶在冲泡过程中,茸毛会脱落而悬浮于汤中,一般多见于细嫩的绿茶,如碧螺春。

以上两种茶汤浑浊是茶叶品质佳的表现。

(三)香气

这里的香气是指茶叶冲泡后散发出的香味状况。茶叶的香气受茶树品种、产地、季节、采制方法等多种因素影响,可以从香型、浓淡、持久度等几个方面进行评价。

一般而言,品质优良的绿茶带清香,黄茶带嫩玉米香,红茶带甜香或花香,青茶带花果香,白茶带茶毫香,黑茶带陈香。但是也要注意区别同一品种的茶叶由于产地、季节或者加工工序不同而产生的香气差异。

茶叶极具吸附性,因此,茶汤香气的纯异在热嗅时最为明显,香气不纯指有烟味(传统正山小种允许有松烟香)、酸馊味、霉陈味、青草味等。待茶汤温度稍稍降低后,可以闻嗅识别香气是高鲜还是醇和。

当茶汤温度降低到常温状态或者在饮用完后,可以对茶汤或者茶杯进行冷嗅,以此判断香气的持久性。冷嗅都能嗅出香气的称为"骨子香",有"骨子香"的茶多半是高山茶或者干燥良好的茶。

(四)滋味

茶汤的滋味在茶叶品评中占据最为重要的位置。正常的滋味包括浓郁、鲜爽、醇和。不纯的滋味包括苦、涩、异,但是对于苦涩味不能一概而论。苦涩是由茶汤中的茶多酚和咖啡因造成的。好的茶叶冲泡的茶汤,入口先微苦后回甜,先有涩感后不涩;先微苦后不苦不甜者次之;先微苦后也苦者又次之;先苦后更苦,吐出茶汤仍有涩感者最差。

品茶时,将茶汤送入口中后,要在口腔中停留 2—3 秒,让整个口腔都感受到茶汤的滋味,才能准确地判断。

表 1-8 展示了舌头不同部位的味觉感知。

表 1-8　舌头不同部位的味觉感知

部位	舌尖	舌心	舌两侧(前端)	舌两侧(后端)	舌根
味觉感知	甜味	鲜味	咸味	酸味	苦味

(五)叶底性状

叶底是指冲泡后的茶渣,虽然已经没有饮用价值,但是茶叶经冲泡后充分吸水膨胀,恢复芽叶状态,可直接反映出叶质的老嫩、色泽、匀整度,有利于辨识新茶、陈茶、季节茶、等级茶等。

对于绿茶、黄茶和红茶,可以通过叶底中芽叶的比例和老嫩来判断茶叶的嫩度,这几类茶以芽多且粗长为好。嫩度高的茶叶叶底呈现的色泽往往更加新鲜明亮。采摘和加工会影响叶底的匀整度,比如品质较差的茶叶叶底大小不一、颜色花杂等。

三、茶叶的储存

(一)茶叶储存基本要求

选购到好的茶叶后,为防止茶叶吸收潮气和异味,减少光线和温度对茶叶的影响,避免茶叶因挤压而破碎,损坏茶叶的外形,必须采取妥善的储存方法。

茶叶是疏松多孔的干燥物质,储存不当,很容易发生变质、变味和陈化,因此储存茶叶应该注意防潮、防氧化、避光、控温和阻气。

(二)茶叶储存方法

1.冰箱冷藏法

储存少量茶叶时,冰箱冷藏是最为简便和经济的方法。一般家庭可在冰箱的冷藏柜中储存 1—1.5 千克茶叶,如果是茶馆、茶楼,可以购买专门的大型冷藏柜来储存。冷藏储存时,先把茶叶用塑料袋密封好,将温度控制在0—5℃。

2.氮气储存法

将茶叶装入袋内,抽出袋内空气,充入氮气,利用氮气的惰性使茶叶在无氧条件下储存。此法效果甚佳,但需要使用专用的包装袋和设备。这样可在一年内保持茶叶基本不变质。

3.石灰储存法

在杭州的西湖湖畔,有许多茶农用铁桶、瓦坛储存龙井茶,储存效果很好,游客现品现买。这种储存方法是利用生石灰的吸湿性,吸收茶叶中的多余水分,使茶叶保持干燥,从而延缓陈化。生石灰要装入布袋内,茶叶用牛皮纸包扎,分别置于瓦坛的四周,中间放生石灰,然后密闭坛口。半个月后更换生石灰,以后每隔两三个月换一次。

4.罐装储存法

采取此种储存法时,可选用铁罐、不锈钢罐或质地密实的锡罐。如果是新买的罐子或原先存放过其他物品留有味道的罐子,可先将少许茶末置于罐内,盖上盖子,上下左右摇晃一番,轻擦罐壁后倒弃,以去除异味。市面上有售两层盖子的不锈钢茶罐,非常实用,可以用清洁无味的塑料袋装茶并将其置入罐内,盖上盖子,以胶带封住盖口则更佳。装有茶叶的金属罐应置于阴凉处,不要放在阳光直射、有异味、潮湿、有热源的地方,如此,铁罐才不易生锈,亦可减缓茶叶陈化、劣变的速度。另外,锡罐材料致密,对防潮、防氧化、阻光、防异味有很好的效果。

以上介绍的各种茶叶储存方法,应根据具体储存条件加以选择,特别是家庭储存,可视茶叶品种和储存量,选择合适的储存方法。量多、短期不能饮用完的茶叶建议分成小包储存,使用的茶叶罐宜小不宜大。

任务实施

家乡有好茶,我们来推荐

介绍一款你家乡的代表茶品,围绕产地、发展历史、加工工艺、品质特点、品饮方式等几个方面查找资料,制作演示文稿,并进行汇报展示。

任务评价

表 1-9　任务评价表

考核内容	评价要求	分值	组间评分	教师评分	最终得分
演示文稿制作	画面简洁、清晰、醒目	10			
	展示内容与演讲内容一致	10			
演讲内容	内容丰富、全面	15			
	逻辑清晰,条理清楚	10			
	结构完整,重点突出	15			
	有一定的自主思考和分析	10			
语言表达	流畅、连贯	10			
	表达简洁,用词得当	10			
整体印象	仪态端庄,行为得体	10			
总分		100			

考核日期:　　　　　　　　　　考核人:

任务四　茶人必备的素养

任务布置

①掌握茶艺服务中的着装要求
②熟练进行个人仪容修饰整理
③优雅运用个人基本仪态礼仪

任务分析

礼仪是人们在社会交往活动中形成的应共同遵守的行为规范和准则。茶艺服务的行茶礼仪对行茶者的仪表仪态、礼节礼貌都有特殊的规定。

中国是文明古国、礼仪之邦,素有客来敬茶的习俗。人们在长期的茶事活动中,逐渐形成了对人、对茶品、对茶器等表示尊重、敬意、友善的行为规范与惯用形式,这就是茶艺服务中的基本礼仪。

一、茶礼仪演变

最早的茶是先民们赖以生存、用于维系生命的充饥食物之一，无法解读自然且不懂生命奥秘的先民们，或将茶视为开天辟地的神灵，或将茶视为赐予生命的先祖。他们将对茶的感恩与崇敬化作了茶图腾。尽管还没有统一叫法，但茶的身影已出现在古老的祭祀仪式中。三国两晋时期，孙皓"以茶代酒"，陆纳"以茶待客"，茶已呈现出日常礼仪的意味。直至唐代陆羽撰写《茶经》，茶为礼才有矩可循，有规可依。

（一）早期礼仪中的茶

1.祭祀礼仪中的茶

原始的茶图腾信仰，是一个部族的集体信仰与社会制度，许多地方设有专门的"茶祭"，在部族的"生、婚、丧"等重要活动中也常常少不了茶。祭祀是最古老的礼仪形式，最初的祭祀以献食为主要手段。

2.朝贡礼仪中的茶

东汉以来，不独有贡茶，还出产御茶。到了南北朝，贡茶同御茶已是王朝君臣普遍选用的饮料珍品。

3.宴请礼仪中的茶

民以食为天，饮食礼仪在中华文化中占有非常重要的地位。早在先秦时期，人们就"以燕飨之礼，亲四方之宾客"。

在宴请待客的礼仪中，借助一定程式的用茶礼仪，可以表达主人内心的诚敬。

（二）茶礼仪立制

在唐代以前，茶已经较为广泛地出现在祭祀、朝贡、宴请、待客等礼仪场合。但在相关的礼仪典籍中，还并未见到完整、系统的茶礼仪立制，直到《茶经》问世，其构建了从茶器、用水、烹煮到品饮等一系列的茶礼仪规范。《茶经》基本完善了饮茶的礼法、礼义、礼器、辞令、礼容等，完备了茶为礼的相关要素。

二、茶人的仪表仪态

（一）仪表

1.得体的着装

得体的着装是仪表、仪容美的一个重要体现。服饰能反映人的文化水平、审美意识、修养程度和生活态度等。

茶的本性是恬淡平和的,因此,茶艺师的着装以整洁大方为好,要与茶具、环境、季节等相适宜。品茶需要安静的环境、平和的心态,如果服装太夸张、鲜艳,会破坏和谐、优雅的氛围,使人有浮躁不安的感觉。服装式样以中式为宜,袖口不宜过宽。

2. 整齐的发型

茶艺师的发型原则上要适合自己的脸型和气质,头发要按泡茶时的要求进行梳理。首先,头发应梳洗干净、整齐,颜色以自然色为好,发型要美观、大方。其次,应避免头部向前倾时头发散落到头前,挡住视线,影响操作。最后,避免头发掉落到茶具或操作台上,让客人感觉不卫生。女生若留长发可以盘起。整体而言,发型应简洁,与服装风格相适宜。

3. 优美的手型

作为茶艺师,平时应注意适当的手部养护,保持手部清洁。在泡茶的过程中,客人的目光始终停留在茶艺师的手上,因此茶艺师的手极为重要。双手不要戴太醒目的首饰,否则会给人喧宾夺主的感觉。手指甲不要涂颜色,指甲要及时修剪整齐,保持干净,不留长指甲。需要特别注意的是,手上不能残存护肤品的气味,以免影响茶叶的香气。

4. 干净的面部

茶艺师的面部平时要注意护理、保养,保持健康的肤色。在为客人泡茶时,茶艺师应面带微笑,表情要平和放松。茶艺师如果是男士,泡茶前要将面部修饰干净,不留胡须,以整洁的姿态面对客人;如果是女士,为客人泡茶时,可化淡妆,但不要浓妆艳抹,更不要喷洒味道浓烈的香水。

(二)仪态举止

仪态举止是人的行为动作和表情的总和,在日常生活中,举手投足、一颦一笑都可概括为仪态举止。优雅的仪态举止不仅能体现自己良好的修养和高雅的气质,还能给交往对象留下美好的印象。

在泡茶时,茶艺师的各种动作均要求优雅、得体。评判一位茶艺师的风度优劣,主要看其动作的协调性。茶艺师的举止应庄重得体、落落大方,在茶艺活动中,要站有站相、坐有坐相、走有走相,站姿挺拔、坐姿端庄、走路稳重,保持良好的仪表仪容。

1. 站姿

优雅的站姿是体现茶艺师自身素养的一个重要方面,是体现茶艺师仪表美的基础。

茶艺师在站立时应该身体挺直,下颌微收,眼平视,双肩放松。女茶艺师在站立时双脚呈"V"字形,两脚尖打开50°,左右膝和脚后跟要靠紧,双手交叉放于腹前,注意右手握住左手手指,左手指尖不可外露。男茶艺师双脚叉开的宽度应窄于双肩的宽度,左手搭于右手手腕,自然下垂放于腹前。

图1-4与图1-5分别为女茶艺师和男茶艺师的标准站姿。

图 1-4　女茶艺师的标准站姿

图 1-5　男茶艺师的标准站姿

2. 坐姿

由于茶艺师在工作中经常要为客人沏泡各种茶,有时需要坐着进行,因此良好的坐姿对于茶艺师来说也尤为重要。坐姿分为正式坐姿、侧点坐姿、跪式坐姿和盘腿坐姿。

（1）正式坐姿。茶艺师入座时，应略轻而缓，但不失朝气，走到座位前时，靠近座位的腿向前半步跨到座位前，转身，另一条腿跟上，然后轻稳地坐下。最好坐椅子的1/3或一半处，穿长裙的茶艺师要用手把裙子向前拢一下。坐下后上身挺直，头正目平，嘴微闭，面带微笑，小腿与地面基本垂直，两脚自然平落地面。两膝间的距离，男茶艺师可以稍远一些，女茶艺师则需靠紧；或者也可左脚在前、右脚在后交叉成直线。

（2）侧点坐姿。侧点坐姿分左侧点式坐姿和右侧点式坐姿，这种坐姿也是很好的动作造型。

茶椅、茶桌的造型不同，坐姿也会发生变化，比如茶桌的立面有面板或茶桌上有悬挂的装饰物障碍，无法采取正式坐姿时，可选用左侧点式坐姿或右侧点式坐姿。

左侧点式坐姿要求双膝并拢，两小腿向左侧伸出，右脚跟靠于左脚内侧中间部位，左脚内侧着地，右脚跟提起，脚掌着地。右侧点式坐姿与此相反。如果是腿部丰满或穿长裤的茶艺师，要使小腿部位看起来修长，坐时要将膝盖与脚间的距离尽量拉远，这样腿部线条看起来会更优美些。

（3）跪式坐姿。茶艺师泡茶，有时需要跪着进行，因此，掌握正确、良好的跪式坐姿是十分必要的。

跪式坐姿的基本要求是：在正确的站立姿势的基础上，右腿后退半步，双膝下弯，右膝先着地，右脚掌朝上，随之左膝着地，左脚掌朝上，双膝跪下，双脚脚掌可重叠放置，也可只将双脚大脚趾重叠。调整身体重心，臀部落在双脚脚跟上。坐下时将衣裙放在膝盖底下，这样显得整洁端庄。上身保持挺直，头顶有上拔之感。手臂下留有一个品茗杯大小的余地，两臂似抱圆木，双手自然交叉相握放于大腿后部，或放于大腿上，或重叠放在膝盖上。两眼平视，表情自然，面带微笑。

（4）盘腿坐姿。该坐姿一般适合于穿长衫的男茶艺师。坐时用双手将衣服掀起，徐徐坐下，衣服后层下端铺平，右脚置于左脚下。用两手将衣服下摆提起，不可露膝，再将左脚掌置于右腿下。

无论采用何种坐姿，泡茶时都需要挺胸、收腹、头正肩平，身体、肩部不能因为操作动作的改变而左右倾斜。不操作时，双手应平放在茶台边上，面部表情轻松愉悦，自始至终面带微笑。

图1-6和图1-7分别为女茶艺师和男茶艺师的标准坐姿。

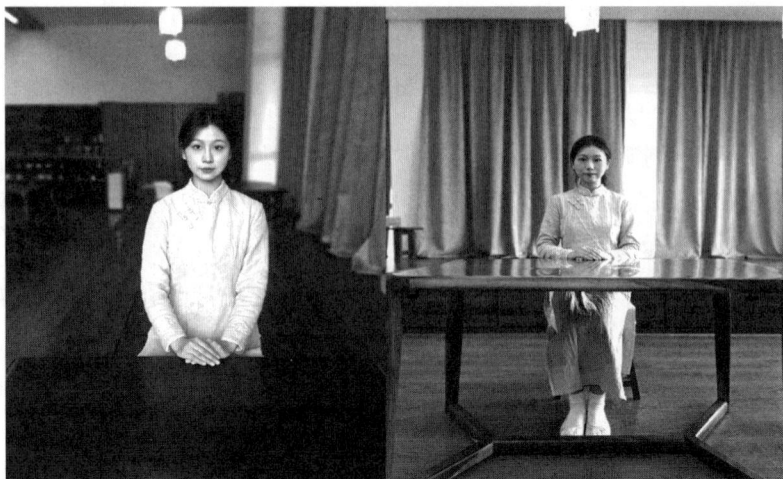

图 1-6　女茶艺师的标准坐姿

图 1-7　男茶艺师的标准坐姿

3.走姿

　　走姿的基本要求是：上身挺直、收腹、挺胸，目光平视，面带微笑；肩部放松，手臂前后自然摆动，手指自然弯曲。行走时身体重心稍向前倾，腹部和臀部要向上提，由大腿带动小腿向前迈进，行走线迹为直线。

　　步速和步幅也有要求。茶艺师在行走时要保持一定的步速，不要过急，否则会给客人不安静、急躁的感觉。步幅大约是 30 厘米，一般要求步幅不能过大，以免给客人带来不舒服的感觉。

　　女茶艺师为显得温文尔雅，可以将双手虎口相交叉，右手搭在左手上，提放于腹前。行走时移动双腿,走直线,上身不可扭动摇摆,应保持平稳,双肩放松,下颌微收,双眼平视。图1-8为女茶艺师的标准走姿。

图1-8 女茶艺师的标准走姿

男茶艺师在行走时,双臂随腿的移动在身体两侧自由摆动,其余同女茶艺师一致。转弯时,向右转则右脚先行,向左转则左脚先行。出脚不对时可原地多走一步,待调整好后再转弯。如果到达客人面前时为侧身状态,须转身,正面与客人相对,跨前两步进行各种茶艺动作。当要往回走时,应面向客人先退后两步,再侧身转弯,以示对客人的尊敬。图1-9为男茶艺师的标准走姿。

图1-9 男茶艺师的标准走姿

在进行茶艺表演时,走姿应随着表演内容的变化而变化,或矫健轻盈,或精神饱满,或端庄典雅,或缓慢从容。要将自己的思想、情感融入行走的方式,使观众感到茶艺师的肢体语言与茶艺表演的主题、情节、音乐、服饰等是吻合的。

三、行茶中的礼仪

(一)鞠躬礼

鞠躬礼分为站式、坐式和跪式三种。站式鞠躬与坐式鞠躬比较常用。

站式鞠躬的动作要领是:两手相握放于腹前,上半身平直弯腰,弯腰时吐气,直身时吸气。弯腰到位后略停顿,再慢慢直起上身。俯下和起身的速度一致,动作轻柔、自然。

坐式鞠躬的动作要领是:在正确坐姿的基础上,双手相握自然放于大腿后部,或者放于茶桌边缘,鞠躬方法与站式鞠躬相同。

跪式鞠躬的动作要领是:在正确的跪式坐姿的基础上,双手相握放于大腿上,鞠躬方法与站式鞠躬相同。

图1-10为三种不同的站式鞠躬礼。

图 1-10　三种不同的站式鞠躬礼

(二)伸掌礼

伸掌礼是品茗过程中使用频率最高的礼节,表示"请"与"谢谢",主客双方都可采用。两人面对面时,均伸右掌行礼对答。两人并坐时,右侧一方伸右掌行礼,左侧方伸左掌行礼。伸掌姿势为:五指并拢,手掌伸直,将手伸出,掌心向斜上方,手指指向要指示的物品或方向。手腕要含蓄用力,不要显得轻浮。行伸掌礼的同时应欠身点头微笑,讲究一气呵成。

（三）叩指礼

此礼是从古时中国的叩头礼演变而来的。早先的叩指礼是比较讲究的，必须屈腕握空拳，叩指关节。随着时间的推移，逐渐演化为将手弯曲，用几个指头轻叩桌面，以示谢忱。

（1）长辈给晚辈倒茶，晚辈应右手握拳，轻叩三下，表示感谢。

（2）平辈之间倒茶，应将右手食指、中指并拢，轻叩三下，表示感谢。

（3）晚辈给长辈倒茶，长辈可用右手食指轻点一下桌面，表示点头，三下表示欣赏。

具体如图 1-11 所示。

图 1-11　叩指礼

（四）寓意礼

这是寓意美好祝福的礼仪动作，最常见的有以下几种。

1.凤凰三点头

茶艺师用手提壶把，高冲低斟反复三次，寓意向来宾鞠躬三次，以示欢迎。高冲低斟是指右手提壶靠近茶杯口注水，再提腕使开水壶提升，此时水流如"酿泉泻出于两峰之间"，接着压腕将开水壶靠近茶杯口注水。

2.双手内旋

在进行回旋注水、润茶、温杯、烫壶等动作时要将双手向内回旋。若用右手则必须按逆时针方向，若用左手则必须按顺时针方向，其类似于招呼手势，寓意"来、来、来"，表示欢迎；若方向不对，则变成暗示"去、去、去"之意。

3.取物倒水

取物品时，尽量不要越过茶具，而是要绕过茶具。放置茶壶时，壶嘴不能正对他人，否则暗示请人离开之意。斟茶时只斟七分满即可，表示"七

分茶三分情"之意。俗话说"茶满欺客",且斟茶过满也不便于客人握杯吸饮。

四、基本动作

（一）取用器物手法

1.捧取法

茶艺师将搭于前方桌沿的双手慢慢向前移,双手掌心相对向前合抱欲取的茶具,双手捧住茶具基部,然后移至需要安放的位置,轻放下,随后收回双手。物品复位也是同样的操作。捧取法适用于捧取茶仓、茶瓶等立式茶具。

2.端取法

茶艺师双手伸出及收回的方式同捧取法,但是,端物时双手掌心向上,掌心下凹作"荷叶"状,平稳移动物品。端取法多用于端取茶盘、茶荷、茶点和茶杯等物品。

（二）持壶手法

一般情况下,容量大的壶采用双手提壶法,容量小的壶采用单手提壶法。

1.双手提壶法

一手握壶把,另一手食指或中指按住盖钮或盖,双手同时用力提壶。

2.单手提壶法

一手大拇指、中指捏住壶把,无名指和小指并列抵住中指,食指前伸略呈弓形按住盖钮或盖提壶。

（三）握（端）盖碗手法

中指和大拇指放在盖碗边缘,食指搭在盖钮上部。三根手指与盖碗接触的点连成一条直线,盖碗的重心在这条线上。将盖碗拿起后,大拇指和中指发力,食指向下轻压盖钮上部避免盖滑落,这样既可以保持水面平稳,又不会烫手。盖碗的拿法如图1-12所示。

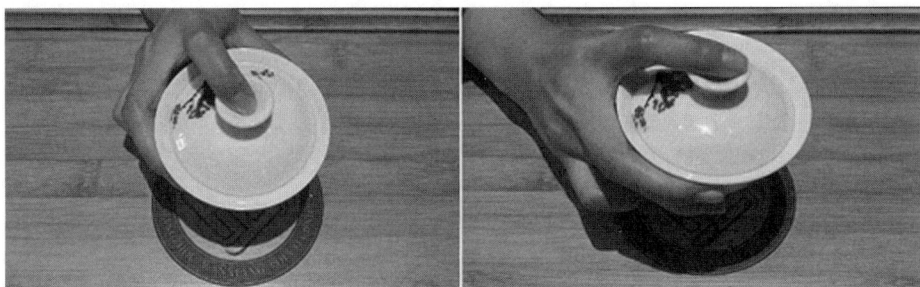

图 1-12　盖碗的拿法(左错误,右正确)

任务实施

以小组为单位,进行茶事服务礼仪动作展示,组内其他成员及教师进行评分。

任务评价

表 1-10　茶事服务礼仪评分表

项目	要求和评分标准	分值	组内评分	教师评分	最终得分
仪态举止	站、走、坐及行礼,动作规范,具有美感	20			
取物手法	手法正确,动作具有美感	20			
持壶手法	手法正确,动作具有美感	10			
握盖碗手法	手法正确,动作具有美感	20			
凤凰三点头	手法正确,动作具有美感	10			
奉茶手法	手法正确,动作具有美感	10			
谢茶叩指礼	手法正确,动作具有美感	10			
合计		100			

考核日期:　　　　　　　　　　　考核人:

能力拓展

茶道礼仪——君子九容

1. 足容重——步伐稳重

脚下生根,稳中带有力度,行走的每一步都扎扎实实。

2. 手容恭——手势恭敬谦和

整个行茶的过程中,手的礼节在一起一落中展现得淋漓尽致。不张扬,不多余,不刻意,不表现,十指规范内敛。

3. 目容端——眼睛要直视

茶桌之上,应心正眼明,不可斜视,用亲和柔善传"神"。

4. 口容止——嘴巴要紧闭

在泡茶时应止语、止念。与茶无关的事,不做;于茶无益的念头,不起。当下,专注地泡好这一杯茶即可。

5. 声容静

平和,不仅仅是不喧哗,也要求不露怯。茶桌之上,语言应平和,声音带有温度与关怀。

6. 头容直——头要摆正

行茶时,重心固定,正首挺胸。

7. 气容肃——呼吸要轻柔

行茶时,要庄重得体地均匀呼吸,让每一丝气息都能感受到茶汤。

8. 立容德——站姿、坐姿要端正

端正的茶心修得端正的茶德,一起一落都能体现行茶人的自信与从容。

9. 色容庄——形色要庄重

形色庄重,不过分装饰,整洁自如地迎接一杯澄澈的茶汤。

项目二
一杯绿茶习得静雅

　　江南的新芽,在春水边肆无忌惮地蔓延,柳丝儿黄、青笋儿嫩、茶芽儿俏……处处展现出生机勃勃的美好。

　　"陌上看花饮酒,廊下听雨吃茶。"烟花三月下江南,两位来自北方的客人走进茶室,想要一品正宗地道的西湖龙井茶,身为茶艺师的你,会如何展现杭州的这一款名茶?

任务一　品茶

任务布置

①了解西湖龙井茶的产地、由来及品质特点
②能正确选择冲泡西湖龙井茶的器具,并进行布席
③能正确地冲泡西湖龙井茶
④能简单描述并推介西湖龙井茶

任务分析

一、西湖龙井茶的产地

　　西湖龙井茶是绿茶的代表。欲把西湖比西子,从来佳茗似佳人。"西湖龙井茶"几个字既包含了地名,又包含了泉名和茶名。绿茶有"四绝":色绿、香郁、味甘、形美。特级西湖龙井茶,茶叶扁平、光滑、挺直,色泽嫩绿,香气

清新,滋味鲜爽甘醇,叶底细嫩。清明节前采制的西湖龙井茶称为"明前西湖龙井",美称"女儿红",曾有著名茶联写道:"院外风荷西子笑,明前龙井女儿红。"

图 2-1 为明前西湖龙井茶,图 2-2 为位于西湖边的龙井村龙井泉。

图 2-1 明前西湖龙井茶

图 2-2 龙井村龙井泉

西湖龙井茶的采制已有1200多年的历史。有关杭州地区生产制作茶叶的史料源于唐代陆羽所著的《茶经》。宋朝时,杭州钱塘宝云山出产的宝云茶、下天竺香林洞出产的香林茶和上天竺白云峰出产的白云茶,都被列为贡茶。清朝乾隆皇帝下江南时,曾到狮峰山下的胡公庙品饮西湖龙井茶,并赞不绝口。

西湖龙井茶产于浙江省杭州市西湖风景名胜区周围的群山。这里丘陵起伏,溪流涓涓,林木葱郁,气候宜人,四季分明,雨量均匀。茶园常有雨露滋润,特别在春茶采摘期间经常细雨蒙蒙,漫山遍野云雾缭绕。西湖龙井茶产区的土壤以白沙土为多,微酸性,优异的环境也造就了西湖龙井茶独特的品质。

杭州市西湖区共有168平方公里的西湖龙井茶产地,只有这里出产的茶叶可采用"西湖龙井"的名称,其他产区的龙井茶禁止使用。正宗的西湖龙井茶都贴有原产地保护和防伪标识。

历史上,西湖龙井茶有"狮(峰山)""龙(井村)""云(栖)""虎(跑)"四个品号,20世纪初,"梅(家坞)"的品号也位列其中,现在所有品号的茶统称为西湖龙井茶。

茶 百 科

十八棵御茶树

传说清朝时期,乾隆皇帝下江南时,来到杭州狮峰山下胡公庙前,观看茶农采茶。他见茶树正茂,青芽鲜嫩诱人,便走上前去采摘,谁知这时忽然有人来报,称太后患病,请皇帝回宫。乾隆一惊,下意识将手中刚刚采摘的茶芽放入口袋,匆匆回京。乾隆回宫后,得知太后因山珍海味吃多了而积食,并无大碍,便讲起了此次下江南的途中见闻。其间,太后总是闻到阵阵清香,便问是何物。乾隆伸手一摸,原来是采摘的茶叶已经干燥,散发出浓郁的香气。于是他命人炮制供太后品尝,太后饮过,顿觉身心舒爽,病也很快痊愈。乾隆一高兴,立即传旨,将狮峰山下胡公庙前的十八棵茶树封为"御茶",年年采制,专供太后享用。如今,"十八棵御茶树"已成为西湖的旅游胜景之一(见图2-3)。

图 2-3　龙井村"十八棵御茶树"

二、西湖龙井茶的加工

西湖龙井茶优异的品质来自精细的采制工艺。采摘"一芽一叶"和"一芽二叶"形态的芽叶作为原料，经过鲜叶摊放、炒青、回潮、分筛、辉锅、筛分整理(去黄片和茶末)、收灰贮存等数道工序制作而成。西湖龙井茶炒制手法复杂，炒制时需依据不同的鲜叶原料，在不同炒制阶段分别采用抖、搭、捺、拓、甩、扣、挺、抓、压、磨等十种手法。

三、西湖龙井茶的品质特点

西湖龙井茶按照国家标准，可分为特级、一级、二级、三级、四级、五级六个等级。表 2-1 罗列了不同等级的西湖龙井茶的品质特点。

表 2-1　不同等级的西湖龙井茶的品质特点

等级	品质特点
特级	一芽一叶初展，芽叶夹角的角度小，芽长于叶，芽叶匀齐肥壮，长度不超过 2.5 厘米
一级	一芽一叶至一芽二叶初展，以一芽一叶初展为主，一芽二叶初展在 10% 以下，芽稍长于叶，芽叶完整、匀净

续表

等级	品质特点
二级	一芽一叶至一芽二叶初展,一芽二叶初展在 30% 以下,芽与叶长度基本相等,芽叶完整,芽叶长度不超过 3.5 厘米
三级	一芽二叶至一芽三叶初展,以一芽二叶初展为主,一芽三叶初展不超过 30%,叶长于芽,芽叶完整,芽叶长度不超过 4 厘米
四级	一芽二叶至一芽三叶初展,一芽三叶初展不超过 50%,叶长于芽,有部分嫩的对夹叶,长度不超过 4.5 厘米
五级	一芽二叶至一芽三叶初展,一芽三叶初展不超过 50%,叶长于芽,有部分嫩的对夹叶,长度不超过 5 厘米

茶 思 政

茶人精神

"自从陆羽生人间,人间相学事春茶。"一部《茶经》,洋洋七千余字,对茶的起源、产区、采造、器具、煮制、品饮、礼仪、史料等进行了系统而全面的梳理,背后凝结的是陆羽一生的心血。一生为茶而不改初心,这便是我们推崇的茶人精神。

人的一生应该怎样度过?万向集团创始人鲁冠球的回答是:一天做一件实事,一月做一件新事,一年做一件大事,一生做一件有意义的事。

任务实施

西湖龙井茶的冲泡技艺

1.备具

(1)备器。

表 2-2　需准备的器具

器具类别	名称	规格	数量
主泡器具	玻璃杯	200ml	3
	杯垫	木质或玻璃质地	3
	水盂	500ml	1
	随手泡	1000ml	1

器具类别	名称	规格	数量
辅助器具	茶荷	白瓷或竹木质	1
	茶拨	竹木质	1
	茶仓	瓷或竹木质,容量约50ml	1
	茶巾	棉麻质地	1
装饰器具	茶席、桌旗	防水质地	1
	插花	中式插花	1

(2)备茶。

茶叶用量没有统一标准,视茶具大小、茶叶种类和个人喜好而定。

一般来说,冲泡绿茶,茶与水的比例为1:50—1:60(1克茶叶用水50—60毫升),这样冲泡出来的茶汤浓淡适中,口感鲜醇。新手可用电子秤辅助。在专业的绿茶评审中,茶水比是1:50。

(3)择水。

冲泡西湖龙井茶,最好选用当地虎跑泉的水。虎跑泉的水从砂岩中渗出,水中的可溶性矿物质较少,总硬度低,故水质极好。虎跑水和龙井茶可谓西湖"双绝"。

(4)候汤。

西湖龙井茶属于芽茶。因为茶芽细嫩,若用滚烫的开水直接冲泡,茶芽中的维生素会被破坏并导致熟汤失味,因此冲泡的水温不能过高,最好在85℃左右。可将开水壶中的水预先倒入瓷壶凉一会儿,使水温降至85℃左右。

2.行茶

西湖龙井茶的下投法冲泡流程如下。

(1)入场:将所需茶具置于托盘内,入场放置托盘。如图2-4所示。

图2-4 入场

（2）行礼：立于桌旁，行礼，落座。如图 2-5 所示。

图 2-5 行礼

（3）布具：从左到右，从远到近依次摆放茶具。左侧摆放茶道组合、茶仓、茶荷；右侧摆放随手泡、水盂、茶巾；中间摆放玻璃杯，呈斜线或一字线摆放；将玻璃杯从左到右依次翻起。茶具摆放完成后，行礼。如图 2-6 所示。

图 2-6 布具

（4）赏茶：按照取茶—取茶拨—拨茶的顺序操作，将茶叶拨入茶荷，从右向左转一圈赏茶闻香，然后回到茶盘外左下侧。如图 2-7 所示。

图 2-7 赏茶

（5）温杯：从左往右依次注水，双手捧杯逆时针旋转一圈温杯，然后将温杯的水弃于水盂。如图2-8所示。

图2-8　温杯

（6）投茶：双手取茶荷交于左手，右手取茶拨，然后拨茶入杯。如图2-9所示。注意：茶荷中不留茶叶。

图2-9　投茶

（7）润茶：注少量水，右手持杯，左手托杯，以杯底为轴心快速摇晃杯身。如图2-10所示。

图2-10　润茶

（8）冲泡：提壶用"凤凰三点头"的方式冲水至七分满。如图 2-11 所示。

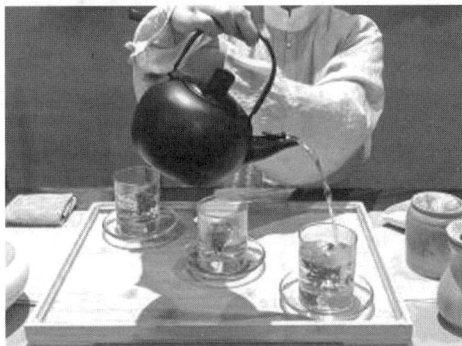

图 2-11　冲泡

（9）奉茶：注意行奉前礼、奉中礼和奉后礼。奉茶结束时，奉茶盘面向自己身体，然后回到座位。如图 2-12 所示。

图 2-12　奉茶

（10）收具：从右至左收茶具，最后放出的茶具先收回。如图 2-13 所示。

图 2-13　收具

绿茶玻璃杯冲泡法

3.展演

在进行西湖龙井茶的茶艺表演时,可参考如下解说词。(以下投法为例)

开场白:尊敬的各位嘉宾,大家好! 很高兴能与大家相聚一堂。"四海咸来不俗客,一堂相聚知音人。"现在为大家奉上西湖龙井茶的茶艺表演,让我们共同领略茶香的淡雅和悠长的韵味。

(1)点香——焚香静心气。

希望这沁人心脾的幽香,能使各位心旷神怡,摒除杂念,心平气和。

(2)赏茶——初识茶仙姿。

西湖龙井茶外形扁平光滑,享有色绿、香郁、味醇、形美"四绝"之盛誉。西湖龙井茶,通常以清明前采制的为佳,清明后谷雨前采制的稍逊,而谷雨之后采制的就非上品了。古语曾有"烹煎黄金芽,不取谷雨后"之言。西湖龙井茶和虎跑泉水是举世闻名的西湖"双绝",冲泡西湖龙井茶最好用虎跑泉水,如此才能茶水交融,相得益彰。

(3)洗杯——冰心去凡尘。

泡茶要求所用的器皿必须至清至洁。要用开水再烫洗一遍本来就干净的玻璃杯,做到一尘不染。选用透明无花的玻璃杯,以更好地欣赏茶叶在水中上下翻飞、翩翩起舞的仙姿,观赏碧绿的汤色、细嫩的茸毫,领略清新的茶香。现在,将水注入玻璃杯,一来清洁杯子,二来为杯子增温。茶是圣洁之物,泡茶人要有一颗圣洁之心。

(4)请茶——清宫迎佳人。

苏东坡有诗云:"戏作小诗君勿笑,从来佳茗似佳人。"他把优质茶比喻成让人一见倾心的绝代佳人。"清宫迎佳人"就是用茶拨把茶叶投入洁净的玻璃杯。

(5)润茶——甘露润莲心。

上等西湖龙井茶外观嫩如莲心。润莲心即在开泡前先向杯中注入少许热水,起到润茶的作用。采用回旋斟水法向杯中注入少许水,以 1/4 杯为宜,润茶的目的是浸润茶芽,使干茶吸水舒展,为将要进行的冲泡打好基础。

(6)冲水——凤凰三点头。

冲泡西湖龙井茶时讲究高冲水,在冲水时水壶有节奏地三起三落,好比凤凰在向客人三点头致意。温润的茶芽已经散发出一缕清香,这时高提水壶,让水直泻而下,接着利用手腕的力量,上下提拉注水,反复三次,让茶叶在水中翻动。这一冲泡手法,雅称"凤凰三点头"。"凤凰三点头"不仅是泡茶本身的环节,也是中国传统礼仪的体现。"三点头"像是对客人鞠躬行礼,对客人表示敬意,同时也表达了对茶的敬意。

(7)奉茶——观音捧玉瓶。

客来敬茶是中国的传统习俗,也是茶人所遵从的茶训。将精心泡制的茶与新老朋友共赏,别有一番情趣。主客共同领略这大自然赐予的绿色精灵。

(8)赏茶——春波展旗枪。

杯中的热水如春波荡漾,在热水的浸泡下,茶芽慢慢地舒展开来,尖尖的叶芽如枪,展开的叶片如旗。一芽一叶的称为"旗枪",一芽二叶的称为"雀舌",直直的茶芽称为"针",弯曲的茶芽称为"眉"。在品西湖龙井茶之前,可以先观察这些千姿百态的茶芽,好像是有生命的绿精灵在舞蹈,十分生动有趣。

(9)闻茶——辨香识茶韵。

品西湖龙井茶要一看、二闻、三品味,在欣赏了"春波展旗枪"之后,要闻一闻茶香。龙井茶与花茶和乌龙茶不同,它的香气更加清幽淡雅,必须用心灵去感受,才能够闻到春天的气息,以及清纯悠远、难以言传的生命之香。其色澄清碧绿,其形一旗一枪,交错相映,上下沉浮。闻其香,则清新醇厚,无浓烈之感。

(10)品茶——淡中品至味。

西湖龙井茶的茶汤清纯甘鲜,淡而有味,它虽然不像红茶那样浓烈醇厚,也不像乌龙茶那样香气醉人,但是只要用心去品,就一定能从淡淡的茶汤中品出天地间至清、至醇、至真、至美的韵味来。西湖龙井茶大多冲泡三次,第二泡的色、香、味最佳。

任务评价

表 2-3　茶艺考核表(绿茶玻璃杯泡法)

序号	鉴定内容	考核要点	配分	考核评分的标准	扣分	得分
1	仪表及礼仪	①发饰大方典雅 ②着装得体,服饰与茶艺文化特色相适宜 ③动作、手势、站立姿势端正大方	10	①着装得体,长发束起,不能披头散发 ②目光平视、表情镇定,神态避免木讷平淡 ③身体语言得体 ④注意行礼姿态 ⑤手势中不要有多余动作 ⑥坐姿得体,不要摇摆		

序号	鉴定内容	考核要点	配分	考核评分的标准	扣分	得分
2	茶具配套、摆放技能	①茶具配套齐全、准备利索 ②摆放位置正确、美观	10	①茶具配套齐全,摆放整齐 ②茶具排列整齐 ③茶具取用注意卫生细节 ④茶具取用后注意复位顺序		
3	量茶择水	根据茶性,选择沏泡用水,水温适宜	10	①取茶顺序正确,茶叶量适中 ②取水时手法、路线正确,讲究卫生		
4	茶艺演示	①演示过程顺畅 ②演示动作得当,能体现艺术特色	50	①赏茶:茶叶不落 ②温杯:动作幅度不宜过大 ③润茶:茶水比适量,注水量一致 ④冲泡:"凤凰三点头"姿势优美,水不洒、不断 ⑤奉茶:行为恰当,用语礼貌 ⑥演示过程具有艺术感,动作流畅不断,过程中器具没有碰撞、跌落		
5	收具	收具整理符合要求	10	收具顺序错乱,视情况扣1—3分		
6	茶汤质量	茶汤品质得当	10	①茶汤色、香、味不佳扣2—4分 ②奉茶量适宜,茶汤过量、过凉扣2—4分		
合 计			100			

姓名:　　　　　　　　　　　班级:　　　　　　　测试内容:玻璃杯冲泡

考核日期:　　　　　　　　　　　　　　　　　　考核人:

三种冲泡方法比较

依据绿茶原材料的老嫩程度和自身轻重等特点,茶艺师有三种冲泡方法选择。

(1)上投法。先在玻璃杯中注七分满的水,然后向杯中投放茶叶。这种方法适用于茶芽细嫩、紧实的茶叶,比如都匀毛尖、碧螺春等。茶芽避免水流激荡,自然与水浸润。茶汤细柔、爽口、甘甜。这种泡法还有个好听的名字——"落英缤纷"。

（2）中投法。先在玻璃杯中注三分满的水，放入茶叶，轻轻摇晃使茶叶被水初步浸润。然后向杯中注水至七分满，使茶叶被水充分浸润。这种方法适用于茶芽细嫩、叶扁平或茸毫多而易浮于水面的茶叶，如嫩度高的湄潭翠芽。

（3）下投法。先在杯中放入茶叶，注以少量足以浸润茶叶的水，轻轻摇晃使茶叶被水初步浸润。然后向杯中注水至七分满，使茶叶被水充分浸润。一般来说，一芽一叶或者一芽二叶的茶叶都可以采用这种冲泡方法。

三种冲泡方法的具体演示如图 2-14 所示。

a.上投法　　　　　　　b.中投法　　　　　　　c.下投法

图 2-14　三种冲泡方法

任务二　识茶

任务布置

①了解绿茶的产生与发展
②掌握绿茶的制作工艺
③正确进行绿茶的介绍

任务分析

一、绿茶的产生与发展

中国最早生产的茶是绿茶，一直以来主产的茶也是绿茶。如今，国产绿茶有近千种，约占茶叶总产量的 3/4。绿茶的加工制作过程没有发酵这步工序，其成品呈绿色，故称绿茶。

在原始社会,人类将采集到的茶树新叶先放在火上烧烤,再放入水中煮,煮出的茶汤供人们解渴消暑。这种"烧烤鲜茶"的做法,也许就是最原始的绿茶加工方式了。

唐代,陆羽的《茶经》记载的茶主要是绿茶。到了宋代,在宋徽宗赵佶的《大观茶论》、宋子安的《东溪试茶录》、熊蕃的《宣和北苑贡茶录》等著作中,有大量关于宋代团饼茶和散叶茶的记载,这些茶也都属于绿茶。明太祖朱元璋"罢造龙团"的诏令,促进了散叶绿茶的发展。纵观中国茶类的演变发展史,绿茶的生产历史大约有两千年,在这漫长的历史岁月中,积淀下了极为丰厚的绿茶文化。

二、绿茶的制作工艺

绿茶的加工工艺是:鲜叶摊放、杀青、揉捻、干燥。

(一)鲜叶摊放

鲜叶离开茶树后还有生命力,会边进行呼吸作用边放出热量。在一定的摊放时间内,随着水分的散失,鲜叶内的叶绿素发生变化,叶子色泽变深,叶质变软,可塑性增强,便于茶叶塑形。鲜叶中的蛋白质、碳水化合物、茶多酚或水解,或氧化,使鲜叶品质朝有利的方向发展。

如果不进行摊放,鲜叶就从有氧呼吸转为无氧呼吸,鲜叶内的碳水化合物转化为醇类,产生酒精味。鲜叶也会释放氮,产生臭味,致使茶叶腐败、变质。

鲜叶摊放一定要在通风的地方进行。茶叶采摘量大、无法正常摊放时,可以叠起来摊放(如图 2-15 所示),但必须采用机器通风。

图 2-15　绿茶鲜叶摊放

（二）杀青

杀青是绿茶加工过程中的关键工序，即采取高温措施，使叶内水分散失，破坏酶的活性，阻止多酚类物质的氧化，并使鲜叶内含物发生一定的化学反应。此工序为绿茶品质的形成奠定基础。除少数高级名茶采用手工杀青外，大多数绿茶采用机器杀青。

图 2-16 为手工杀青示例。

图 2-16 手工杀青

（三）揉捻

绿茶的茶叶通过揉捻可以达到两个目的：一是为塑造外形打基础；二是使叶细胞组织破碎，增加茶叶滋味。根据茶叶是否经过摊凉再揉捻，可分为冷揉和热揉。一般嫩叶宜冷揉，老叶宜热揉，这样有利于揉紧条索，减少碎末茶。颗粒绿茶的揉捻多采用冷揉。目前除了部分名茶采用手工揉捻之外，绝大多数的茶叶采用机器揉捻。

图 2-17 为手工揉捻示例。

图 2-17 手工揉捻

（四）干燥

干燥是绿茶加工的最后一道工序。茶叶干燥不同于一般物料的干燥，不仅能去除水分，而且会发生一系列的热反应，形成茶叶特有的色、香、味、形。绿茶干燥的方式有炒干、烘干、晒干，干燥过程中，温度要先高后低。要达到预期目的，干燥还必须分阶段进行。一般分为三个阶段。

第一阶段：以蒸发水分为主，应提高温度。

第二阶段：叶片可塑性较好，最容易变形，因而这个阶段是塑形的关键阶段。

第三阶段：茶叶含水量下降到 5%—8%，这个阶段是形成茶叶香味、品质的重要阶段。

叶温的高低与形成香气的类型密切相关，在叶温正常变化的范围内，高温产生老火香味，中温产生熟香味，低温产生清香味。

三、绿茶的分类

根据杀青方式和最终干燥方式的不同，绿茶可分为炒青绿茶、烘青绿茶、晒青绿茶、蒸青绿茶。

（一）炒青绿茶

炒青绿茶因茶叶采用炒干的干燥方式而得名。由于在干燥过程中使用的机械不同或手工操作的方法不同，茶叶形成了长条形、圆珠形、扁平形、针形、螺形等不同的形状，故炒青绿茶又分为长炒青、圆炒青、扁炒青等。

长炒青原产于皖南茶区，因外形呈长条状，略曲，灰白，形似眉毛，又称为眉茶。传统产区位于皖、浙、赣。随着产区逐步扩大，中国各主要产茶地区均有生产。较出名的有安徽省的"屯绿"和"舒绿"，江西省的"婺绿"和"绕绿"，浙江省的"遂绿"等。各地长炒青的品质特征虽各有差异，但总体上较一致：外形条索紧直、匀整、有锋苗、无断碎，色泽绿润，净度优；飘香持久，以有熟栗香为佳；汤色黄绿明亮、清澈；滋味浓醇爽口，无苦涩味；叶底绿亮，无红梗、红叶，无焦斑青叶。

圆炒青原产于浙江绍兴平水，故又称平炒青。因外形浑圆紧结，又称珠茶，是中国主要的外销茶之一。中国主要产区在台湾和浙江，尤以浙江所产最为出名。圆炒青外形为颗粒状，圆紧重实，匀齐，色泽墨绿油润，香气纯正，滋味浓醇，汤色黄绿明亮，叶底绿亮、完整，无红梗、红叶。

扁炒青又称扁形茶,以西湖龙井茶的工艺最精细。扁炒青扁平光滑,色泽翠绿,香气馥郁,滋味甘鲜。因产地不同,扁炒青主要分为龙井、旗枪、大方三种。

（二）烘青绿茶

烘青绿茶因茶叶采用烘干的干燥方式而得名,烘青绿茶是用烘笼进行烘干的。烘青毛茶经再加工精制后,大部分用作熏制花茶的茶坯,香气一般不及炒青绿茶高,少数烘青绿茶品质特优。据其外形可分为条形茶、尖形茶、片形茶、针形茶等。条形茶,全国主要产茶区都有生产;尖形茶、片形茶主要产于安徽、浙江等地。特种烘青绿茶主要有马边云雾茶、黄山毛峰、太平猴魁、汀溪兰香、六安瓜片、天山绿茶、顾渚紫笋、江山绿牡丹、峨眉毛峰、金水翠峰、峡州碧峰等。

（三）晒青绿茶

晒青绿茶因茶叶采用日光晒干的干燥方式而得名,主要产于湖南、湖北、广东、广西、四川等省（区）,云南、贵州等省有少量生产。晒青绿茶以云南大叶种的品质为佳,称为"滇青";其他如川青、黔青、桂青、鄂青等品质各有千秋,但不及滇青。

（四）蒸青绿茶

蒸青绿茶因茶叶采用蒸汽进行杀青而得名。蒸青是中国绿茶最早的制作方法,始于唐代。据《茶经》记载,其制法为:"晴,采之。蒸之,捣之,拍之,焙之,穿之,封之,茶之干矣。"中国蒸青绿茶的主产区在台湾和湖北恩施,主要有玉露茶和煎茶两种。因茶叶制作工艺不同,蒸青绿茶形成了色泽翠绿、汤色嫩绿、叶底青绿的"三绿"品质特征。成品茶外形条索紧细,匀称挺直,清香较足,滋味醇和。

任务实施

称茶练习

1.备具

准备量杯、盖碗、茶荷、电子秤等。如图2-18所示。

图 2-18　称茶练习用具

2.备茶

不同茶类若干(绿茶、红茶、乌龙茶)。

不同外形的茶若干(扁平形茶叶、松散形茶叶、颗粒形茶叶)。

3.量水称茶

(1)测试盖碗的容量。

(2)根据不同茶水比,计算所需茶叶分量。

(3)尝试不借助秤来取得茶叶,测试与所需分量的差距。

(4)多次练习,并记录差距,逐步缩小差距。差值在 0.5 克范围内为合格。

任务评价

(1)指定一款盖碗。

(2)在一分钟内完成绿茶(扁平形)、红茶(条索形)、乌龙茶(颗粒形)的茶叶称取。

表 2-4　茶叶称取记录表

绿茶		红茶		乌龙茶	
应称	实称	应称	实称	应称	实称

结果判定：_____

优(差值≤0.1 克)

良(差值＞0.1 克,≤0.3 克)

合格(差值＞0.3 克,≤0.5 克)

差(差值＞0.5 克)

任务实施

吊水练习

1.备具

平口紫砂壶（容量在 200 毫升内）、量杯、随手泡、茶盘及茶巾等。

2.量水

测量紫砂壶的容量。

3.吊水

保持正确坐姿，用随手泡往壶嘴里注水，直至壶满（半分钟内完成），记录废弃的水量，计算壶的容量和弃水量的比值，比值越大，说明注水越稳定。

任务评价

（1）指定一款紫砂壶。

（2）半分钟内注水至壶满。

（3）测试弃水量。

表 2-5 弃水量记录表

紫砂壶			
注水时间	壶容量	弃水量	比值

结果判定：＿＿＿＿＿＿＿

优（差值≥15）　　　　　良（差值≥10，＜15）

合格（差值≥5）　　　　　差（差值＜5）

任务三　赏茶

任务布置

①了解国内绿茶的代表名茶

②能够准确辨认 5 种名优绿茶

③能够正确推介名优绿茶

中国绿茶的产地极为广阔,河南、贵州、江西、安徽、浙江、江苏、四川、陕西、湖南、湖北、广西、福建是我国的绿茶主要产地。

一、最早的绿茶——恩施玉露

(一)茶之源

恩施玉露产于湖北省恩施市,是一款蒸青绿茶。其以一芽一叶、大小均匀、节短叶密、芽长叶小、色泽浓绿的鲜叶为原料。成品茶外形条索匀整、紧圆、光滑、油润,挺直如松针,白毫显露,色泽翠绿,香气持久,汤色嫩绿明亮,滋味鲜爽回甘,叶底嫩匀明亮。恩施玉露含有茶多酚、维生素、硒元素等成分,有提神醒脑、清热解毒、生津止渴等辅助功效。

(二)茶之饮

1.开水冲泡法

恩施玉露可以采用开水冲泡法冲泡,这也是人们最常用的泡茶方法之一。冲泡时,取茶叶 3 克,用开水冲泡 30—60 秒即可饮用。

2.温水冲泡法

恩施玉露可以采用温水冲泡法冲泡。冲泡时,要将水温控制在 30—40℃,水量可以根据个人喜好增减。

3.冰水冲泡法

恩施玉露还可以采用冰水冲泡法冲泡。这种方法有它的独特之处。冲泡时,将茶叶放入盛有冰块的容器中,等待冰块慢慢融化。

在选择茶具时,为了方便观察茶叶的形态和茶水的色泽,一般选用透明圆筒玻璃杯。

(三)茶之赏

恩施玉露的干茶外形:条索紧圆光滑、纤细挺直如针,色泽苍翠绿润,毫白如玉。

恩施玉露的茶汤颜色:嫩绿明亮。

恩施玉露的叶底性状:嫩绿匀整。

恩施玉露的茶汤香气:清香、栗香、花香,持久悠长。

恩施玉露的茶汤滋味：甘醇爽口。

图 2-19 为恩施玉露的干茶及茶汤。

图 2-19　恩施玉露干茶及茶汤

茶 思 政

创新争先　自立自强
——国家级非物质文化遗产代表性项目恩施玉露
制作技艺国家级代表性传承人杨胜伟老师

杨胜伟老师从事茶叶科技工作多年，是国际硒茶大师、国家级非物质文化遗产传承人和恩施玉露第十代传承人，著有《恩施玉露》等多本茶叶著作，为恩施茶产业的发展做出了重要贡献。杨胜伟老师已经 87 岁高龄，仍精神矍铄，奋斗在茶叶科技工作的一线，2019 年成立了国际硒茶大师杨胜伟工作室、国家级非物质文化遗产代表性项目恩施玉露制作技艺传承基地，继续为恩施茶产业的传承和发展奉献着自己的力量。

他用毕生坚持"只为守护那一抹绿"的实际行动，诠释了一名共产党员的初心和使命。他一生学茶做茶，不仅致力于恩施玉露制作技艺的传承与创新，还积极帮助当地农民脱贫致富。

二、饮过才知春之味——碧螺春

（一）茶之源

碧螺春是绿茶，主产于江苏省苏州市吴中区太湖的洞庭山，所以又称"洞庭碧螺春"。碧螺春得名于清代，俗名"吓煞人香"，因为但凡喝到的人都觉得这款茶的香气非常让人惊奇。传说清朝康熙皇帝视察并品尝了这种茶

汤颜色碧绿、茶叶卷曲如螺的名茶后，倍加赞赏，但觉得"吓煞人香"名号不雅，于是赐名"碧螺春"。碧螺春从此成为贡茶。

洞庭山实际上不是一座山，而是东洞庭山、西洞庭山两山的统称。这里茶树和果树交错种植。在这样的生态环境下生长的茶叶，炒制之后有明显的花果香。碧螺春制作技艺共 7 道工序，其中"搓团显毫"颇具特色，是使碧螺春卷曲成螺、茸毫满披的关键。所谓"搓团显毫"，即把茶叶放在手中搓团，使其出现茸毛。碧螺春的外形特别美，茶叶紧结卷曲成螺状，色泽银绿，绿中隐翠，细细的茶条带有细密的茸毛，被人们亲切地称为"蜜蜂腿"。

（二）茶之饮

碧螺春比较重实，入水会快速沉底。因此，冲泡碧螺春推荐采用上投法，即先注水后投茶，建议使用洁净透明的玻璃杯，欣赏茶叶沉入水中的过程。由于碧螺春茸毛多，用此方法冲泡不会迅速产生"毫浑"，而使人误认为茶叶品质不佳。

冲泡茶水比一般为 1∶50，冲泡时先用开水烫杯，然后用 85℃ 左右的水进行冲泡，待茶叶全部沉入水中即可品饮。

（三）茶之赏

碧螺春的干茶外形：茶条纤细，卷曲成螺，满身披毫，银白隐翠。

碧螺春的茶汤颜色：碧绿清澈，第一泡色淡，第二泡翠绿，第三泡碧清。

碧螺春的叶底性状：嫩绿明亮。

碧螺春的茶汤香气：香气浓郁，清香幽雅。

碧螺春的茶汤滋味：鲜醇甘厚，回味绵长，甘甜持久。

图 2-20 为碧螺春的干茶及茶汤。

图 2-20　碧螺春干茶及茶汤

三、茶叶中的"猴老大"——太平猴魁

（一）茶之源

太平猴魁是绿茶,产自安徽省黄山市黄山区(旧称太平县),主产区在新明乡,尤以三门村的猴坑、猴岗、颜家的高山茶园所采制的茶叶品质最优。茶叶名称取太平县的"太平"和猴坑、猴岗的"猴","魁"字有"最高""最好"的意思。

太平猴魁茶园分布在海拔 350 米以上半阴半阳的山坡,山坡有着深厚的黑砂壤土,富含有机质。由于产地低温多湿,土质肥沃,云雾笼罩,因此所产茶叶别具一格。

在所有的绿茶中,太平猴魁是长相最奇怪的,以当地的茶树品种(柿大树)鲜叶为主要原料。叶子有数厘米长,很像晒干的蔬菜。太平猴魁并不像别的绿茶一定要赶在清明前采摘,它常在谷雨之后采摘,虽然采得晚,但茶叶依然鲜嫩。

太平猴魁对生长环境和采摘条件有很高的要求。它一定要生长在有一定海拔高度的山谷,但又不能太高,早上云雾散开后会有适宜的光照,在冬天不至于太冷而受冻。茶园的周围还要有松林、竹林和一些草木,复杂的植被会赋予茶树一种特殊的清香。采摘的芽一定要大,叶子掂在手上厚重不轻飘,说明茶叶内质丰富。另外,太平猴魁一定是两叶抱一芽,如果不是,就只能称为"魁尖"或"尖茶"了。

（二）茶之饮

太平猴魁的冲泡比较简单,推荐采用下投法。冲泡茶具可以选择直直的玻璃杯,这样在冲泡过程中就可以欣赏到茶叶在水中舒展的过程。

冲泡时,取 3—5 克茶叶,将茶叶根部朝下放置。冲入 90℃ 左右的开水至茶杯的一半,等茶叶慢慢舒展开来时,继续加水至七分满,3—5 分钟后即可品饮。

在品饮时不要一口气全部喝掉,可以剩下 1/3 左右,以便续水冲泡,直到味变淡为止。

（三）茶之赏

太平猴魁的干茶外形:两端略尖,两叶抱一芽,苍绿匀润,扁平挺直。
太平猴魁的茶汤颜色:嫩绿、清澈、明亮。

太平猴魁的叶底性状：芽叶肥壮，嫩绿明亮。

太平猴魁的茶汤香气：香高持久，具有兰花香。

太平猴魁的茶汤滋味：鲜爽醇厚，回味甘甜。

图 2-21 是太平猴魁的干茶及茶汤。

图 2-21 太平猴魁干茶及茶汤

四、只此唯一的单叶片茶——六安瓜片

(一)茶之源

六安瓜片是世界上唯一无芽无梗、只取单片壮叶来制作的茶，形状像极了葵花籽，遂称"瓜子片"，时间长了，慢慢地也就叫成了"瓜片"。

六安瓜片的核心产地在安徽六安、霍山一带，其中又以蝙蝠洞茶场产的瓜片品质最好。因为这里的土壤微量元素丰富，而且早春时白天气温约为20℃，到了晚上会降到 4—5℃，较大的昼夜温差，使茶叶积累了丰富的营养物质，形成了醇厚的口感。采茶期在每年的谷雨前后 10 天之内，采摘时只取叶片，求"壮"不求"嫩"。

六安瓜片的口感在绿茶中属于比较浓厚的，趁热喝上一口，整个口腔都会被一种霸道的香气占满，熟板栗的清香萦绕舌尖。如果说那些用清明前采下的嫩芽制作的茶是清纯少女，那谷雨节气后才有的六安瓜片则是一位沉稳有内涵的夫人了。

六安瓜片名声很大，但产量极少，原因就在于制作的难度很高。通常要经过拉毛火、拉小火、拉老火三遍烘烤。特别是最后一遍拉老火，因为是最后一次烘烤，对形成六安瓜片特殊的色、香、味、形影响极大，要进行一百多次烘烤,非常考验制茶人的体力。经过老火烘烤的茶叶表面形成白霜,手可捏成粉末,瓜片的醇香也终形成,整个过程火光冲天、热浪滚滚。

(二)茶之饮

六安瓜片是绿茶中的精品,可采用玻璃杯冲泡。通过透明的玻璃杯,可以尽情地欣赏六安瓜片在水中舒筋展骨、舞动回旋的姿态。

六安瓜片属于烘青绿茶,冲泡水温要略高于炒青绿茶,以90℃为宜。

(三)茶之赏

六安瓜片的干茶外形:形似瓜子片,叶缘微翘,大小匀整,无梗无芽,有绿宝石光泽。

六安瓜片的茶汤颜色:黄绿明亮,干净清澈。

六安瓜片的叶底性状:嫩绿明亮。

六安瓜片的茶汤香气:浓郁,具有板栗香。

六安瓜片的茶汤滋味:浓烈醇厚,回味甘甜。

图 2-22 为六安瓜片的干茶及茶汤。

图 2-22 六安瓜片干茶及茶汤

五、好一幅杯中景色——信阳毛尖

(一)茶之源

信阳毛尖的产区位于大别山与淮河之间广阔的山地与丘陵地带,海拔在300—800米,纬度位置在我国茶叶种植区里算是比较靠北的了。这里丘坡较缓,沟谷相连,沟底开阔,土壤为黄黑砂壤土,深厚疏松,肥力较高。由于地处大别山北坡,属于阴坡的自然环境,太阳迟来早去,光照不强,昼夜温差较大,所以茶树及芽叶生长缓慢。芽叶肥厚多毫,积累了大量营养物质,因而冲泡后香气持久,滋味浓醇,且十分耐泡。

信阳种茶的历史可以追溯到东周,到了唐代,这里的茶成为贡品。传说武则天患肠胃疾病,御医开出的药方是用信阳茶做药引。女皇服药后很快痊愈,龙颜大悦,就在茶山——车云山赐建一座佛塔,保茶乡平安,信阳茶叶因此知名。

(二)茶之饮

信阳毛尖属于炒青绿茶,冲泡时宜用透明的玻璃杯,水温不宜过高,越是品质好的信阳毛尖,冲泡时对水温的控制越要精准,芽的比例超过80%的信阳毛尖,最好用80℃左右的开水冲泡。这样不容易烫坏茶叶嫩芽,口感会更好。

一般的信阳毛尖适合用中投法冲泡,即先倒入80℃左右的开水,再投茶3—5克,继续沿着杯壁将开水缓缓倒入,2—3分钟后可以饮用,通常可以冲泡2—3次。注意,信阳毛尖不可使用悬壶高冲的手法,因为这样会使得附着在茶叶表面的茶毫脱落,使得茶汤浑浊。

(三)茶之赏

信阳毛尖的干茶外形:细、圆、紧、直,匀整,鲜绿有光泽,白毫明显。

信阳毛尖的茶汤颜色:嫩绿、清澈、明亮。

信阳毛尖的叶底性状:细嫩匀整。

信阳毛尖的茶汤香气:板栗香,香气持久。

信阳毛尖的茶汤滋味:滋味浓醇,回甘生津。

图 2-23 为信阳毛尖的干茶及茶汤。

图 2-23　信阳毛尖干茶及茶汤

六、绿茶中的另类——安吉白茶

(一)茶之源

安吉白茶产自浙江省湖州市安吉县。这里原始植被丰富,森林覆盖率高,全年气候温和,土壤中含有较多的钾、镁等微量元素。这些特定的条件为安吉白茶的独特性提供了良好的基础。安吉白茶叶片发白的特性,要归因于其"温敏性"。早春时气温低(一般低于23℃),安吉白茶萌发出来的芽缺乏叶绿素,所以呈现出白色或浅绿色。大约一个月后,气温上升,茶芽才慢慢转绿。也正是因为这样的特性,人们把它称为"白茶"。

另外,安吉白茶由于茶树品种的独特性,氨基酸含量较高,多酚类物质较其他绿茶少,所以茶汤口感鲜爽,甜度很高,没有苦涩味。

(二)茶之饮

安吉白茶因为叶色浅,叶片嫩而薄,所以冲泡水温不宜过高,否则鲜爽度会下降。一般用85℃左右的开水冲泡。

由于安吉白茶的叶脉颜色比叶肉深,茶叶有着独特的美感,用玻璃杯冲泡,可以更好地欣赏其叶白脉翠的风姿。

冲泡安吉白茶,推荐下投法,投茶2—3克,冲入少量水,浸润茶叶,使茶叶初步吸收水分,慢慢舒展,再继续加水至杯子七分满,浸泡2分钟左右即可饮用,可冲泡2—3次。

(三)茶之赏

安吉白茶的干茶外形:条直有芽,外形似凤羽,匀净整洁,色泽翠绿显玉色。

安吉白茶的茶汤颜色:嫩绿,清澈,明亮。

安吉白茶的叶底性状:细嫩成朵,叶底透明,茎脉清晰。

安吉白茶的茶汤香气:香气持久。

安吉白茶的茶汤滋味:滋味鲜爽,回甘生津。

图2-24为安吉白茶的干茶及茶汤。

茶艺

图 2-24　安吉白茶干茶及茶汤

茶　思　政

绿水青山就是金山银山理念的由来

2005 年 8 月 15 日,时任浙江省委书记的习近平在浙江安吉县余村调研时,首次提出绿水青山就是金山银山的重要理念和科学论断。他说:"绿水青山就是金山银山,我们过去讲,既要绿水青山又要金山银山,实际上绿水青山就是金山银山。"

此后,在多个场合,习近平总书记多次强调和阐述绿水青山就是金山银山的理念,指明了实现发展和保护协同共生的新路径。

互动:你知道"绿水青山就是金山银山"这句话该如何用英语表达吗?

正确答案:请看本项目最后一页。

任务实施

茶样识别

1.备器

表 2-6　需准备的器具

器具类别	名称	规格	数量
审评器具	茶盘	白色木质　尺寸 30cm×30cm	5
	茶样	绿茶茶样	5

2.识茶

在规定时间内,辨认出陈列的 5 种绿茶的品种及产地,能够简单描述相应的品质特征。

任务评价

表 2-7　绿茶识别评分表

项目	要求和评分标准	分值	组内评分	教师评分	最终得分
茶样辨识 (40 分)	规范摆放及整理茶样、茶盘	10			
	观察干茶外形,准确说出 5 种绿茶的名字及产地	30			
描述特点 (40 分)	说出指定绿茶的干茶外形特点	20			
	说出指定绿茶冲泡后的滋味特点	20			
推介茶品 (30 分)	结合产地与品质特点,介绍一款自己喜欢的绿茶	15			
	简述绿茶的加工工艺	15			
合计		100			

考核日期:　　　　　　　　　　考核人:

能力拓展

茶叶审评

茶叶审评是审评人员用感官鉴别茶叶的过程。即审评人员运用视觉、嗅觉、味觉、触觉,对茶叶产品的外形、汤色、香气、滋味及叶底性状等进行审评,从而达到鉴定茶叶品质的目的。

普通人喝茶与评茶师喝茶的区别如图 2-25 与图 2-26 所示。

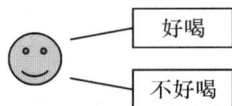

图 2-25　普通人喝茶　　　　图 2-26　评茶师喝茶

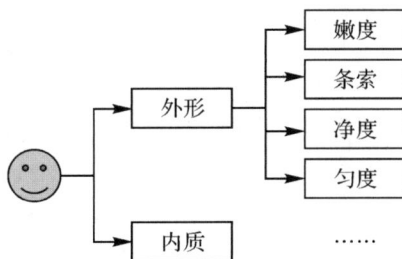

评茶所需器具:品茶杯、品茶碗、叶底盘、天平、计时器、网匙、茶匙、汤杯、吐茶桶、开水壶等。如图 2-27 所示。

图 2-27　评茶所需器具

评茶步骤如表 2-8 所示。

表 2-8　评茶步骤

步骤	要求	方法
取样	科学、公正、全面,并有正确性和代表性	对角线取样法、分段取样法、随机取样法、分样器取样法
摇盘	旋转平稳,分清上、中、下三段茶	运用双手做前后左右的回旋转动,"筛""收""想"结合
看外形	全面仔细,上、中、下三段茶都要看到	手法有"抓""削""簸",有筛选法、直观法
开汤	准确称样,注入沸水量一致,水满至杯口	用三个手指(拇指、食指、中指)取样,在上、中、下三段都取到茶样,并尽量做到一次成功,冲水速度慢—快—慢
热嗅香气	辨别出香气正常与否和香气类型	一手握杯柄,一手按杯盖,上下轻摇几下,开盖嗅香,时间为 2—3 秒
看汤色	碗中茶汤颜色一致,无茶渣,沉淀物集中于碗中央	可用茶匙搅动,让沉淀物集中到碗中部,看汤色;再搅动,看汤色,反复对比
温嗅香气	辨别出香气的优次	方法同热嗅香气
尝滋味	茶汤温度为 45—55℃,茶汤量为 4—5 毫升,尝滋味时间 3—4 秒,需尝两次,吸茶汤速度要自然,速度不要太快	茶汤入口后在舌头上微微滚动,吸气辨出滋味后立即闭嘴,香气由鼻孔排出,吐出茶汤

续表

步骤	要求	方法
冷嗅香气	辨别出香气的持久程度或余香情况	方法同热嗅香气
看叶底	看嫩度、整碎、色泽及茶叶展开的程度	把叶底倒入杯盖或叶底盘中眼看、手摸

任务四　事茶

任务布置

①了解点茶的历史

②了解点茶的流程与使用器具

③能够完成点茶及茶百戏的操作

④能够正确指出点茶的优劣之处

任务分析

一、点茶文化的起源

唐代以前,茶叶大多是药用、食用。到了隋唐时期,随着各方面工艺的成熟,茶渐渐成为士大夫喜欢的饮品。一时间,饮茶蔚然成风。新鲜的茶叶会被制成茶饼,然后采取烹煮的方式来品饮。然而,很多人接受不了茶叶的苦味和涩味,于是就在茶汤中加入盐、葱、姜或果汁调味。在这种情况下,专门的烹茶工具应运而生,"茶道"也初步形成。陆羽的《茶经》中有专门介绍煮茶的文字,为后来宋代风行的点茶奠定了基础。

宋代蔡襄所著的《茶录》,在唐代人烹茶的基础之上,对饮茶有了新的研究。在《茶录》一书中,蔡襄详细介绍了点茶的具体方法。与此同时,当时的王公贵族、文人雅士也开始热衷于创造各种饮茶方法。大观年间,宋徽宗赵佶亲自撰写《大观茶论》,讲究"细碾点啜"的点茶法在宋代的多种饮茶方式中逐渐脱颖而出,并很快在宋代茶艺中占据了主导地位。人们对茶文化精致化的追求达到了顶峰。

二、点茶的方法和步骤

《茶录》为宋代的点茶技艺奠定了理论基础,其提到的点茶方法是:"凡欲点茶,先须熁盏令热,冷则茶不浮……茶少汤多则云脚散,汤少茶多则粥面聚。"北宋末年,点茶技艺发展到了高超而细腻的地步,宋徽宗御笔所书的《大观茶论》更是对点茶技艺进行了精妙的论述。

宋代的点茶之法,流程包括炙茶、碾茶、罗茶、候汤、熁盏、点茶等。

(一)炙茶

炙茶也称烤茶,首见于唐代,宋代时已不常见。因为唐人喝茶是将新鲜的茶叶蒸熟捣碎,做成茶饼(称"饼茶"),所以炙茶便是对饼茶的一种再加工。炙茶的目的,是将茶饼在存放过程中吸收的空气中的水分烘干,用火逼出茶叶自身固有的香味。

关于炙茶的工具,陆羽的《茶经》中称其为"夹"。其制法为:"以小青竹为之,长一尺二寸。"即选一节长度合适的竹节,把节以上部分剖成两半,用来夹茶饼放在火上炙烤。炙烤后的茶饼还要趁热放入特制的纸袋中,以便于茶饼"精华之气,无所散越"。待茶饼完全冷却后,方可细碾成茶。

唐代,人们是十分重视炙茶的。到了宋代,只有隔年的陈茶才炙。《茶录》中有记载:"茶或经年,则香色味皆陈。于净器中以沸汤渍之,刮去膏油,一两重乃止,以钤箝之,微火炙干,然后碎碾。若当年新茶,则不用此说。"由此可见,宋代的炙茶已不再是直接把茶饼拿到火上烤了,而是先把茶饼放入洁净的茶器中,用开水冲泡,刮去一两层茶膏,然后拿到小火上烤干、碾碎。如果是当年的新茶,则无须炙烤。

(二)碾茶

将茶饼"以净纸密裹捶碎",再将捶碎的茶饼放入碾槽中碾成粉末。注意碾茶一定要有力、迅速,否则茶与铜碾接触时间过长,不仅会影响茶的颜色,还会破坏茶末的新鲜度。

碾茶是很关键的一步,如果方法得当,从这时起就能闻到茶的清香了,就像陆游的《昼卧闻碾茶》一诗写的那样:"小醉初消日未晡,幽窗催破紫云腴。玉川七碗何须尔,铜碾声中睡已无。"听着阵阵铜碾声,不等喝上七碗茶,光是碾茶时四溢的茶香就足以让人睡意全无了。

(三)罗茶

罗茶是将碾好的茶粉放入茶罗中细细地筛，直至筛出精细的茶末，确保点茶的效果——"入汤轻泛，粥面光凝，尽茶之色"（清代《续茶经》）。因此，茶罗的罗底一定要细，而且要多筛几次。宋徽宗在《大观茶论》中也要求多筛茶末。另外，丁谓在《煎茶》一诗中也写道："罗细烹还好，铛新味更全。"这也说明罗茶时让茶末越细越好。

(四)候汤

候汤也就是煮点茶用的水。点茶用水很讲究，符合"源、活、甘、清、轻"五个标准的水，才算是点茶的好水，其中以洁净的山泉活水为最佳，其次是常常被人汲用的井水。

选好水后，还要关注烧水的火。生火用具以传统的风炉为上，并取竹引火，覆烧乌榄炭。乌榄炭就是由粤东的乌橄榄果核烧成的炭，这种炭烧起来火力均匀，烟气也比木炭少。

烧水的过程就更有讲究了。宋代用汤瓶、釜、铫来煮水候汤。候汤讲究"三沸"，也就是将水开的过程分为三个阶段。当水初沸时，会冒出像鱼目一样大小的气泡，并且稍有声音，这是第一沸；接着壶底边缘会出现像涌泉一样不断向上冒出的气泡，这是第二沸；最后壶中水全部沸腾起来，水面如波涛翻滚，这是第三沸。这时再继续煮的话，水就老了，会影响茶的口味。

候汤是点茶过程中非常关键的一步，煮水的火候必须掌握好，这样点出来的茶才具茶味，故而蔡襄认为"候汤最难，未熟则沫浮，过熟则茶沉"。由于宋代点茶煮水时用的汤瓶是一种肚圆颈细的容器，根本看不到里面水的烧煮程度，所以只能靠听水声来判断，这对点茶者的技艺提出了更高的要求。

(五)熁盏

凡欲点茶，先须熁盏，也就是在调膏点茶之前，可以将茶盏置于风炉之上预热，使盏身具有一定的热度；也可以先用开水冲涤茶盏来加温。这个事茶习惯保留至今。

之所以要熁盏，是因为人们普遍认为，只有先将茶杯预热，才能激发出茶的清香。在宋代，"熁盏令热"，可使茶末上浮，有助于点茶技艺的发挥。

(六)点茶

点茶分为调膏和击拂。在调膏时，先将茶末放入茶盏中，注入少量开水，用茶匙将其调成极其均匀的茶膏。这时要特别注意，水不能直接冲在茶

末之上,而是要环绕着茶末注入。接下来再徐徐注入开水,击拂茶汤,此时茶面渐渐泛起沫饽。早期的击拂用具是箸、茶匙,到北宋中后期改为茶筅。关于击拂茶汤的技巧,蔡襄在《茶录》中还特别写道:"先注汤,调令极匀,又添注入,环回击拂。"

作为点茶高手,宋徽宗认为要注汤击拂七次。在《大观茶论》中,他还极其详尽地描述了点茶的技巧,后人称之为"七汤点茶法"。

点茶的品相主要看两点:一看茶面汤花色泽和均匀程度,二看盏的内沿与汤花相接处有无水痕。汤花指汤面泛起的沫饽(如图 2-28 所示),与茶水的颜色密切相关。品鉴标准是越白越好。色纯白,表明茶质鲜嫩,蒸时火候恰到好处,同时茶末研碾细腻,点汤、击拂也恰到好处,汤花匀细,久聚不散。汤与盏相接的地方不能露出水痕(茶色水线)。

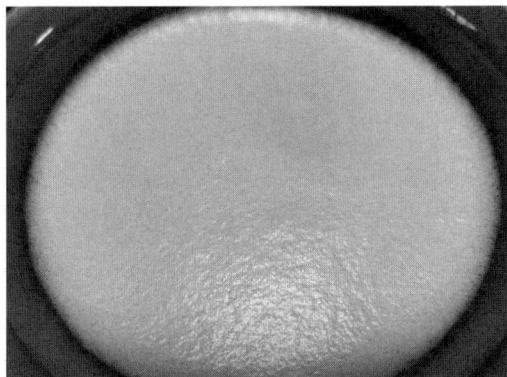

图 2-28　点茶沫饽

任务实施

仿宋点茶

1. 备器

表 2-9　需准备的器具

器具类别	名称	规格	数量
主泡器具	建盏	200ml	1
	茶筅	或圆或扁,竹质	1
	水盂	500ml	1
	汤瓶	瓷质/玻璃,500ml	1

续表

器具类别	名称	规格	数量
辅助器具	茶匙	竹质	1
	茶针	竹质	1
	茶仓	瓷制,50ml	1
	茶巾	棉麻质地	1

图 2-29　点茶器具

2.备茶

每次点茶的茶粉用量约为 2 克,没有统一标准,视茶具大小、茶叶种类和个人喜好而定。

3.择水

一般选用纯净水。

4.候汤

将水煮开后装入汤瓶,待水温降至 90℃左右(手摸瓶身不是特别烫时)即可。

5.点茶(七汤点茶法)

点茶的操作步骤如下。

(1)熁盏润筅:用热水温热茶盏,浸润茶筅,弃水。如图 2-30 所示。

仿宋点茶

图 2-30　熁盏润筅

（2）置茶：用茶匙将茶粉投入茶盏中。如图 2-31 所示。

图 2-31　置茶

（3）量茶受汤，调如融胶：沿茶盏注入适量的沸水，将茶膏充分与水调和，调至有一定的浓度和黏度。如图 2-32 所示。

图 2-32　量茶受汤

（4）"一汤"疏星皎月：环绕茶盏的边沿向茶盏内注水，用茶筅搅动茶膏，手腕以茶盏中心为圆心轻柔转动，并逐渐增加力量进行击拂，从而使汤花从茶面上缓缓生出。有的如稀疏的星星，有的如皎洁的月亮。如图2-33所示。

图 2-33 "一汤"疏星皎月

（5）"二汤"珠玑磊落：注水要求快注快停，手持茶筅用力击拂，使茶面汤花焕发出色彩，当浮沫堆积起来后，就会形成层层的珠玑般的细泡。如图2-34所示。

图 2-34 "二汤"珠玑磊落

（6）"三汤"粟文蟹眼：注水量如前，但击拂动作宜轻，搅动的速度要均匀，将茶汤中的大泡泡击碎成小泡泡，从而使茶面的汤花细腻如粟粒、蟹眼一般，并渐渐涌起。如图2-35所示。

图 2-35 "三汤"粟文蟹眼

（7）"四汤"轻云渐生：注水要少，并放慢击拂速度，但要扩大茶筅的搅动范围，这时茶面的颜色会逐渐变白，似有云雾从茶面升起一般。如图 2-36 所示。

图 2-36 "四汤"轻云渐生

（8）"五汤"浚霭凝雪：注水较少，观察茶沫的情况，若沫饽少，则需要再次用力击拂，若较多，则轻拂即可，使沫饽逐渐凝集起来，茶面凝如冰雪。如图 2-37 所示。

图 2-37 "五汤"浚霭凝雪

（9）"六汤"乳点勃然：沫饽勃然而生，这时只需用茶筅缓慢搅动即可。如图2-38所示。

图2-38 "六汤"乳点勃然

（10）"七汤"稀稠适中：当茶汤稀稠适中时，可以停止击拂，茶面上会出现细乳如云雾般汹涌的景象，仿佛要溢出茶盏，在盏的周围回旋，称为"咬盏"。如图2-39所示。

图2-39 "七汤"稀稠适中

6.品茗

点茶完毕后，进行品茗。

（1）观色。

《大观茶论》中记载："点茶之色，以纯白为上，真青白为次，灰白次之，黄白又次之。"纯白，表明采、制、藏、点都恰到好处；色偏青，说明蒸茶、压黄时不够充分；色泛灰，说明蒸茶、压黄过度；色发黄，说明茶叶采制不及时。根据不同的汤色可以鉴别茶的品质。

（2）闻香。

茶汤中飘出来的香气，轻灵而不滞重，沁人心脾，令人愉悦。

（3）品味。

最后一步自然是品茗了。《大观茶论》写道，在品茶时，"宜匀其轻清浮合

者饮之。《桐君录》曰：'茗有饽，饮之宜人。'虽多不为过也"。意思是说，要慢慢地品尝那轻灵、醇和的茶汤味道。《桐君录》中说，茶的上面有一层浓厚的沫饽，喝了它对人有益，即使多喝也不会过量。可见宋人对茶的热爱程度。

任务评价

表 2-10　全国茶业职业技能赛点茶赛项评分表

序号	项目	分值分配	要求和评分标准	扣分标准	扣分	得分
1	沫饽与茶汤质量（70分）	40	香气、滋味特性表现充分	①有香气，特征表现不充分，扣1分 ②香气特征尚有表现，不明显，扣3分 ③香气弱，未能表现出香气特征，扣6分 ④其他因素扣分		
				①茶汤滋味稍涩，扣1分 ②茶汤滋味明显浓涩，扣5分 ③未能表现出滋味特征，扣10分 ④其他因素扣分		
		30	沫饽丰厚、细腻绵密、色泽洁白、未见水痕	①沫饽较厚，气泡欠细密，扣1分 ②沫饽欠厚，气泡粗大，扣3分 ③沫饽稀薄，碗面出现水痕者，扣5分 ④其他因素扣分		
				①沫饽色泽洁白稍带茶色，扣1分 ②沫饽色泽欠洁白，扣3分 ③沫饽茶色明显，扣5分 ④其他因素扣分		
2	点茶过程（10分）	3	仪容、神态自然端庄，姿态端庄大方，礼仪规范	①发型欠自然得体，妆容过浓，扣0.5分 ②衣着服饰影响操作，扣0.5分 ③姿态欠端正，扣0.5分 ④其他因素扣分		
		7	选配合理，器具布置与排列有序、合理，动作自然，点茶过程完整、流畅	①茶具、席面欠合理，扣1分 ②茶具、席面布置不合理，操作不方便，扣2分 ③点茶姿势矫揉造作，不自然，扣1分 ④点茶过程不流畅、不完整，扣1.5分 ⑤其他因素扣分		

续表

序号	项目	分值分配	要求和评分标准	扣分标准	扣分	得分
3	奉茶(15分)	10	分茶比例协调，适量、适温	①分茶入杯，沫饽及茶量欠均匀，茶汤尚适量，扣2分 ②分茶入杯，沫饽及茶量欠均匀，茶汤不适量，扣5分 ③温度过低，扣1分 ④其他因素扣分		
		5	奉茶姿态、姿势自然，言辞得当	①姿态欠自然端正，扣0.5分 ②次序、脚步混乱，扣0.5分 ③其他因素扣分		
4	时间(5分)	5	在10—15分钟内完成演示与收具	①误差3分钟(含)以内，扣1分 ②误差3分钟以上，扣2分 ③其他因素扣分		

能力拓展

古代的"咖啡拉花"——茶百戏

茶百戏(别称分茶、水丹青、汤戏等)是一种以研膏茶为原料，用清水使茶汤变换图案的技艺。茶百戏源于唐朝，到了宋朝发展到顶峰，成为文人推崇的一种文化活动。

在今天看来，茶百戏似乎与咖啡拉花很相似。实际上，咖啡拉花是通过咖啡和牛奶两种不同颜色的原料，在咖啡表面呈现出图案。而茶百戏的绝妙之处在于有诸多玩法，比如"注汤幻茶"法，仅用清水、茶，就能让茶汤表面呈现出各种文字，以及山水、花鸟等图案。还有不借助其他材料，而是直接使用沫饽的"叠沫成画"法，以及自然天成的"焕如积雪"法、"云脚渐开"法，瞬息即逝的"动盏幻画"法，等等。

当代茶百戏可用调好的茶膏创作，一些与茶性相符的食材也可使用。

> 绿水青山就是金山银山
> Lucid waters and lush mountains are invaluable assets.

项目三
一杯红茶习得温润

情境导入

　　浙江名茶以绿茶为主，其实还有一款红茶也十分著名，早在20世纪初它就与祁门红茶、正山小种齐名，是全国各大茶馆的必备茶叶，尤其在山东、天津、东北一带甚为流行，它就是产自杭州的九曲红梅。

　　九曲红梅，简称"九曲红"，也称"九曲乌龙"，因其色红香清如红梅，故称"九曲红梅"。该茶曾获巴拿马国际食品博览会金质奖章。1929年，在西湖博览会上，该茶被评为全国十大名茶之一。

　　面对外地朋友，你能很好地介绍并冲泡这款浙江名茶吗？

任务一　品茶

任务布置

①了解九曲红梅的产地、制作工艺及品质特点
②能正确选择冲泡九曲红梅的器具，并进行布席
③能正确地冲泡九曲红梅
④能够简单描述并推介九曲红梅

任务分析

一、九曲红梅的产地

九曲红梅的原产地在杭州市西湖区的大坞山盆地及其周边地域。作为

浙江名茶中唯一的红茶,九曲红梅被茶学家誉为浙江茶区"万绿丛中一点红"。大坞山盆地濒临钱塘江,是个群山环抱、竹木葱郁、背风朝阳、云雾缭绕之地,非常适宜栽种茶树,而制成的红茶色泽乌润,形状弯曲如龙,有"九曲乌龙"的美称。茶叶种植生产也带动了当地农户的经济发展。

流传至今的杭州茶艺中就有单独成套的"九曲红梅"茶道和茶具。著名的"西湖茶宴"共四道茶,九曲红梅列为红茶第一道。

九曲红梅外形弯曲紧细如鱼钩,似蚕蚁,芽叶长12毫米左右,条索紧结,色泽乌润,若是以灵山泉水冲泡,则茶汤鲜亮红艳,如水中红梅,滋味鲜甜柔顺。

图 3-1 为九曲红梅的干茶。

图 3-1　九曲红梅干茶

二、九曲红梅的加工

九曲红梅的茶树品种以龙井群体种和龙井 43 号为主。九曲红梅的采摘和制作都有其独特之处,有采摘、阴摊、萎凋、揉捻、发酵、干燥、贮藏七个步骤。

（一）采摘

九曲红梅一般按一芽二叶的标准分期、分批、及时、多次采摘,谷雨前后为旺采期。采摘时应将芽叶夹在食指和拇指中间,轻轻用力向上提起,随采随放入篮中。

（二）阴摊

鲜叶一般以 20 厘米的厚度阴摊 12 个小时以上，随着水分的蒸发，其中的青草气也逐渐消失。

（三）萎凋

传统的萎凋方法是自然萎凋。将鲜叶按每平方米 0.5—1 千克摊在四周通风的竹帘架上，利用自然通风让水分散失。分级归类后的茶叶应及时摊放在器具上，不能直接摊放在地面上。摊放时间视天气、鲜叶老嫩度、新鲜度、品种而定，一般为 6—12 小时。视摊放失水程度适当翻动，使之失水均匀。萎凋程度：手捏叶软如棉，紧握成团，松手不散，叶茎折而不断，嗅时少青草气，略有清香，叶色暗绿而光泽褪，叶面稍起皱纹，减重率达 30%—40%，则萎凋适宜。

（四）揉捻

在传统工艺中，人们将萎凋叶略翻降温，每次取 100 克左右，成堆放在长 1.2 米、宽 0.8 米的长方形篾垫上，人背靠墙壁，用脚踩着上下翻动揉压，使叶面逐渐破损，汁液外渗，逐渐成条，颜色变红，青草气全无，果香初透。反复 5—6 次，当揉捻叶达 5 千克左右时，便可装入直径为 25 厘米的白布袋中，经挤压、拧紧呈球状，然后手扶护栏，脚踩球状茶团，上下、前后反复揉捻，至茶汁外流后，从袋中取出，用手搓解茶块，为发酵打下基础。解块的主要目的是解散茶团，降低叶温，使叶内某些有效成分不因受热剧变，干燥后可减少团块。使用解块机会影响高档茶的条索外形，因此九曲红梅在实际制作中以手工解块效果最佳。

现代加工多以中小型揉捻机为主，投叶量根据揉捻机型号决定，揉捻时间为 40—50 分钟，要求成条率在 80% 以上，细胞破损率在 80% 以上，茶汁溢出而不滴流，使条形紧结，初步形成九曲红梅成品茶的外形特征，保持芽锋完整，减少断碎，基本无扁条。

（五）发酵

发酵是九曲红梅质量的决定性因素，目的是增强酶活性，促进茶叶内含物质变化，形成红茶特有的色、香、味。红茶的发酵实际上从揉捻阶段就开始了，因此揉捻时室温宜低。发酵室应建在阴凉处，环境卫生、清洁、无异味，避免日光照射，既能保温、保湿，又要空气流通。发酵温度控制在 22—24℃，空气湿度一般要求在 80% 以上，空气流通，使氧气供给充足，发酵充分、均匀。整个发酵过程一般持续 2—5 小时,待发酵叶青草气消失,发出浓厚的果香或花香,对光透视,叶色呈黄红色或新铜色,即算完成。

（六）干燥

干燥的目的是制止继续发酵,蒸发水分。采用烘焙笼烘焙或烘干机干燥,掌握高温初烘、低温复火的原则。初烘温度控制在 100—110℃,时间为 15—20 分钟,摊叶厚度为 2—3 厘米,每隔 5 分钟翻拌一次,至八成干左右为止。中间摊凉 1—2 小时。复火温度控制在 70—80℃,时间为 20—30 分钟,摊叶厚度为 3—4 厘米,每 10 分钟翻拌一次,待到茶叶色泽乌润、香气浓烈、条索紧结、手揉可成粉末、含水量在 6% 左右即可。

（七）贮藏

将干燥后的茶叶用竹筛过筛去末,再进行分级包装、贮藏。毛茶通过抖筛、手拣等精制工序,去除影响成品茶净度和色泽的杂物及片茶、碎茶、末茶等,形成条索紧细、匀齐美观、净度良好的上等九曲红梅外形特征。将经过筛分后的各级茶,按同级筛号归堆,并分别标上日期、等级、数量;经过几天采制,将同一等级的茶归堆后,重新标上日期、数量。

九曲红梅的贮藏、保存以干燥、冷藏、无氧和避光为好。常用木炭等吸湿性强的物品来保持茶叶的干燥,也可用充氮和冷库保存来减少茶叶的氧化,这些方法均可保持红茶固有的色泽、香气和滋味。

九曲红梅成品茶,要求品质正,无异味,无劣变,无污染。茶叶应洁净,不含非茶类杂物。对其的分级是根据茶叶感官审评和对照实物样本进行的。目前,按杭州市地方标准,九曲红梅分为精品、特级、一级、二级、三级,分级标准（各级九曲红梅的品质）见表 3-1。

表 3-1　各级九曲红梅的品质

项目		要求				
		精品	特级	一级	二级	三级
外形	条索	细嫩、紧实、多金毫	紧细、多毫、锋苗显露	紧细、有毫、有锋苗	紧细	尚紧细
	整碎	匀整	匀整	匀整	匀整	尚匀
	色泽	乌润	乌润	乌润	尚乌润	欠乌润
	净度	洁净	洁净	净	尚净	稍有茎梗

项目		要求				
		精品	特级	一级	二级	三级
内质	香气	高鲜、嫩甜、香	鲜嫩、浓郁	鲜甜、清香	纯浓	纯正
	滋味	鲜醇、嫩甜	鲜浓、嫩爽	醇甘爽	醇和、尚爽	醇和
	汤色	红艳、明亮	红艳、明亮	红亮	尚红亮	尚红亮
	叶底	细嫩、多芽、红亮	嫩、多芽、红亮	嫩、有芽、红亮	嫩匀、尚红亮	尚嫩匀

任务实施

九曲红梅盖碗冲泡法

1. 备具

（1）备器。

表 3-2　需准备的器具

器具类别	名称	规格	数量
主泡器具	盖碗	150ml	3
	公道杯	200ml	1
	品茗杯	白瓷 30ml	3
	杯垫	木质或玻璃质地	3
	水盂	500ml	1
	随手泡	1000ml	1
辅助器具	茶荷	白瓷或竹木质	1
	茶拨	竹木质	1
	茶仓	瓷或竹木质，容量约 50ml	1
	茶巾	棉麻质地	1
装饰器具	茶席、桌旗	防水质地	1
	插花	中式插花	1

（2）备茶。

茶叶用量没有统一标准，视茶具大小、茶叶种类和个人喜好而定。

一般来说，冲泡红茶，茶与水的比例为 1：20—1：30（1 克茶叶用水 20—30 毫升），这样冲泡出来的茶汤浓淡适中，口感鲜醇。新手可用电子秤辅助，称取 5 克茶叶。在严格的红茶茶叶评审中，茶水比是 1：50。

（3）择水。

冲泡九曲红梅，最好选用杭州当地的灵山泉水或者虎跑泉水，泉水中的可溶性矿物质较少，总硬度低，故水质极好。

（4）候汤。

九曲红梅是全发酵茶，候汤的温度控制在90℃左右。

2. 行茶

九曲红梅的冲泡具体步骤如下。

（1）入场：将所需茶具置于托盘内，入场放置托盘。如图3-2所示。

图 3-2　入场

（2）行礼：立于桌旁，行礼。如图3-3所示。

图 3-3　行礼

（3）布具：落座后，从左到右，从远到近依次摆放茶具。左侧：茶道组合、茶仓、茶荷。右侧：随手泡、水盂、茶巾。中间：以盖碗为中心，茶滤、公道杯置于盖碗右侧，呈斜线放置，品茗杯置于盖碗左侧，呈斜线或一字线整齐摆放。接着，翻盖碗盖子，翻品茗杯，行注目礼。如图3-4所示。

图 3-4　布具

（4）赏茶：按照取茶—取茶拨—拨茶的顺序操作，将茶叶拨入茶荷，从右向左一圈赏茶闻香，回到茶盘外左下侧。如图3-5所示。

图 3-5　赏茶

（5）温盖碗：往盖子中心注入热水，用茶针翻盖子，使热水落入盖碗。右手托住盖碗，左手接应，温盖碗一圈后弃水。如图3-6所示。

图 3-6　温盖碗

（6）投茶：双手取茶荷，将茶荷先放于左手；右手取茶拨，拨茶入盖碗。如图3-7所示。

注意：茶荷中不留茶叶。

图 3-7　投茶

（7）润茶：注少量水，捧起盖碗摇香。如图 3-8 所示。

图 3-8　润茶

（8）温杯：向公道杯注水，温公道杯；从左往右依次向品茗杯注水；双手捧杯逆时针旋转一圈温杯后将温杯的水弃置于水盂。如图 3-9 所示。

图 3-9　温杯

（9）注水：往盖碗中再次注水。如图 3-10 所示。

图 3-10　注水

（10）出汤：盖碗开口，出汤至公道杯。如图 3-11 所示。

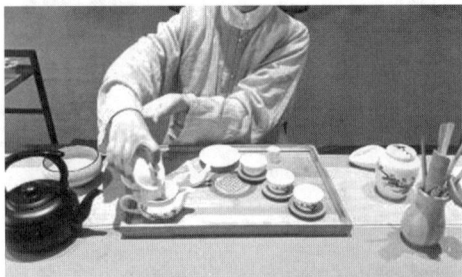

图 3-11　出汤

（11）分茶：将公道杯中的茶汤从左往右依次注入品茗杯。如图 3-12 所示。

图 3-12　分茶

（12）奉茶：注意奉前礼、奉中礼和奉后礼。奉茶结束时，奉茶盘双手对角托住，面向自己身体，回到座位。如图 3-13 所示。

图 3-13　奉茶

（13）收具：从右至左收具，器具原路返回，最后移出的器具要最先收回。如图 3-14 所示。

图 3-14　收具

盖碗冲泡法

3.展演

在进行九曲红梅茶艺表演时,可参考如下解说词(盖碗冲泡法)。

开场白:尊敬的各位嘉宾,大家好!很高兴能与大家相聚一堂。原产于杭州市西湖区的浙江历史名茶——九曲红梅,早在清代便闻名于世,因其茶韵悠绵,茶汤鲜亮、红艳,犹如水中红梅,故以"红梅"名之;又因其是浙江产的唯一的红茶,故有"万绿丛中一点红"的美誉。现在为大家奉上九曲红梅茶艺表演,让我们共同领略茶香的淡雅和悠长的韵味。

(1)赏茶。

九曲红梅采用龙井群体种和龙井 43 号的茶树鲜叶制作而成。包含采摘、阴摊、萎凋、揉捻、发酵、干燥、贮藏七个步骤。其干茶形状弯曲,紧细如鱼钩,似蚕蚁,芽叶长 12 毫米左右,条索紧结,色泽乌润。

(2)温杯。

泡茶要求所用的器皿必须至清至洁。用热水依次将盖碗、公道杯、品茗杯进行烫洗,一是再次清洁器具,二是可以提高器皿的温度,更好地激发茶香。本次冲泡我们选用的是九曲红梅白瓷盖碗套装,用来更好地衬托茶汤的红艳、明亮。

(3)投茶。

苏东坡有诗云:"戏作小诗君勿笑,从来佳茗似佳人。"他把优质茶比喻成让人一见倾心的绝代佳人。下面用茶拨将茶叶投入白如玉的盖碗中。轻摇盖碗,在热气的烘托下,九曲红梅的甜香浸润而出,沁人心脾。

(4)润茶。

注入少量热水,轻摇慢转,让茶叶在水中充分吸收水分,逐渐舒展,让我们共同期待一杯芬芳甜香的茶汤。

(5)冲泡。

提壶再次向碗中高冲注入热水,茶叶在水流的冲击下上下翻腾,尽情舞蹈。

（6）奉茶。

客来敬茶是中国的传统习俗，也是茶人所遵从的茶训。将精心泡制的清茶与新老朋友共赏，别有一番情趣。清泉红茶，以半日之闲，抵十年尘梦。

（7）品茶。

请大家细赏慢品，看这茶汤"白玉杯中玛瑙色"，闻这茶香"沁人心脾"，再品一口这茶汤"红唇舌底梅花香"，就让九曲红梅茶带给您心灵的沉静和身体的愉悦。

谢谢大家！

任务评价

表3-3　茶艺考核表（红茶盖碗冲泡法）

序号	鉴定内容	考核要点	配分	考核评分的标准	扣分	得分
1	仪表及礼仪	①发饰整齐、典雅 ②服饰得体，与相应的茶艺文化特色相协调 ③动作、手势、站立姿势端正、大方	10	①着装得体，长发束起，不能披头散发 ②眼神平视、表情镇定，神态避免木讷、平淡 ③身体语言得体 ④注意礼仪，行礼姿态 ⑤手势中不要有多余动作 ⑥坐姿得体，不要摇摆		
2	茶具配套、摆放技能	①茶具配套齐全、准备利索 ②摆设位置正确、美观	10	①茶具配套齐全，摆放整齐 ②茶具排列整齐 ③茶具取用注意卫生细节 ④茶具取用后注意复位顺序		
3	量茶择水	根据茶叶性状，选择和掌握好沏泡用水及水温	10	①取茶顺序正确，茶叶量适中 ②取水时手法、路线正确卫生		
4	茶艺演示	①演示过程顺畅 ②演示动作表现得当，体现艺术特色	50	①赏茶：茶叶不落 ②温杯：拿取手势及动作幅度不宜过大 ③浸润泡：茶水比适量，注水量一致 ④冲泡：注水姿势优美，水不洒、不断 ⑤奉茶：行为恰当，用语礼貌 ⑥整体具有艺术感，动作流畅不断，过程中器具没有碰撞、跌落		

续表

序号	鉴定内容	考核要点	配分	考核评分的标准	扣分	得分
5	收具	收具整理符合要求	10	收具顺序错乱,视情况扣1—3分		
6	茶汤质量	茶汤品质发挥得当	10	①茶汤色、香、味不佳扣2—4分 ②奉茶量适宜,茶汤过量,温度过凉扣2—4分		
	合　计		100			

考核日期:　　　　　　　　　考核人:

任务二　识茶

任务布置

①了解红茶的起源与发展

②了解红茶的加工工艺与分类

③能正确地介绍红茶

任务分析

一、红茶的产生与发展

红茶属于全发酵茶,是目前全球茶叶消费量和贸易量最大的茶类,在我国产地较广,品种较多。在世界范围内,中国、印度和斯里兰卡三国所产红茶最为有名。

茶百科

世界著名红茶

红茶中最负盛名的有四种,除中国的祁门红茶外,还有印度的阿萨姆红茶和大吉岭红茶,以及斯里兰卡的锡兰红茶。阿萨姆红茶产于印度东北部的阿萨姆,其外形细扁,色泽深褐,汤色深红稍褐,滋味浓醇,带有淡淡的麦芽香和玫瑰香。大吉岭红茶产于印度大吉岭高原,其汤色橙黄,

口感细腻，带有葡萄香，适宜清饮。锡兰红茶产于斯里兰卡的山丘地带，色泽赤褐，汤色橙红明亮，滋味醇厚，回味甘甜，带有薄荷、铃兰香，既适宜清饮，又适宜添加奶、柠檬、薄荷、肉桂等饮用。

红茶起源于明代，最早的红茶为福建武夷山一带发明的小种红茶。1610年，小种红茶首次被带到荷兰，接着被陆续运往英国、德国、法国等欧洲国家，开启红茶风靡世界之旅。18世纪，随着生产规模扩大，以及价格日趋低廉，红茶从王室逐渐走向民众，成为英法等国人民生活中不可或缺的饮品。

18世纪中叶，我国在小种红茶生产技术的基础上，创制出了加工更为精细的工夫红茶，除安徽的祁门红茶外，福建"闽红"（包括政和工夫红茶、坦洋工夫红茶和白琳工夫红茶）、湖北"宜红"、江西"宁红"、湖南"湖红"、广东"英红"等，基本是在这之后相继井喷式出现的。红茶的生产和贸易进入前所未有的鼎盛时期。

二、红茶的制作工艺

红茶的加工工艺一般包含以下四个步骤：萎凋、揉捻、发酵、干燥。

红茶的制作对鲜叶的成熟度有一定的要求，采摘鲜叶的最佳选择是一芽两叶。若茶芽太嫩，儿茶素的含量低，则成茶汤薄且缺乏香气；若鲜叶过老，则茶汤滋味的鲜醇度会显著降低。研究表明，叶内的多酚类物质、氨基酸和咖啡因的含量到第四叶开始就显著下降。

（一）萎凋

萎凋是红茶初制的第一道工序。萎凋是指经过一段时间失水，硬脆的梗叶逐渐萎蔫凋谢的过程。刚采下来的鲜叶水分含量较高，在萎凋过程中，芽叶水分会大量散发，弹性、硬度、重量和体积都大幅下降，韧性提高。此外，萎凋过程也伴随着发酵的过程，这一过程可使青草味消失。在各种酶的催化作用下，茶叶清香初现。萎凋阶段是形成红茶香气的重要阶段。

萎凋有自然萎凋和机器萎凋两种。

1. 自然萎凋

（1）室外日光萎凋。

室外日光萎凋是指将鲜叶平铺，放在阳光下进行萎凋。需要注意的是，在日照过强时，不宜把鲜叶放在阳光下暴晒，以免晒伤鲜叶。采用日光萎凋法对红茶鲜叶进行萎凋时,通常在阳光不太强烈的时候进行,一般在上午 10时前及下午 3 时后。将鲜叶薄摊于"三砂"晒坪(由石灰、黄泥、沙子按一定比例混合拍平的晒坪)或水泥地上,晾晒 30 分钟,收回萎凋叶放在阴凉通风处摊放 1—2 小时。

（2）室内自然萎凋。

室内自然萎凋是指将鲜叶摊放在萎凋帘上,再置于萎凋架上,于室内进行萎凋。采用室内自然萎凋法对红茶鲜叶进行萎凋时,要求每平方米摊叶0.5 千克左右。萎凋过程中要及时观察萎凋的均匀程度。萎凋时间因季节、叶片老嫩和天气不同而有较大差异。以春茶为例,晴天时,鲜叶经 15—20 小时即可完成萎凋,阴雨天时则要延至 36—48 小时才能完成。由于室内自然萎凋的程度难以控制,因而此法逐步被淘汰。

2. 机器萎凋

机器萎凋通常是指萎凋槽萎凋。萎凋槽由槽体和通风设备两大部分组成。萎凋时,将鲜叶置于通气槽体中,通过加热空气加速萎凋进程。用萎凋槽对红茶鲜叶进行萎凋,每平方米可摊叶 2—2.5 千克,摊叶厚度约 20 厘米。春季多阴雨时,需加温萎凋,但温度一般不宜超过 30℃,萎凋时间一般为 6—12 小时。夏季气温较高,空气相对干燥,鼓冷风即可。这种萎凋方法既能降低劳动强度,又能较好地控制萎凋进程,效果较好,因此,在红茶制作过程中使用较为广泛。

（二）揉捻

红茶的揉捻分为手工揉捻和机器揉捻两种。其目的是使茶叶成形,茶汁溢出,增加茶汤浓度。但与绿茶不同的是,红茶揉捻程度较重,尽可能地破坏茶叶细胞,以便充分发酵。

20 世纪 30 年代之前,揉捻茶这类繁重劳动,只能由人工完成。当时的"脚揉"分为两种:一种是脚穿布袜,踩踏鲜叶;另一种是脚踏布茶袋,完成装在布袋内的鲜叶揉捻。现在的红茶揉捻,普遍采用盘式揉捻机来完成。机器揉捻相比人工,能更充分地破坏茶叶细胞结构,得到完美的条索,为茶多酚的氧化创造条件。

（三）发酵

发酵是形成红茶品质的关键工序。揉捻后的茶叶在一定的温度、湿度以及充足的氧气量等条件下进行发酵,使茶叶内部的化学成分发生变化,形

成红茶的色、香、味、形等品质特征。其中,儿茶素氧化聚合生成的茶黄素,既对红茶的色、香、味起着决定性作用,也是使茶汤金黄、通透、油亮的主要成分。

目前普遍使用发酵机控制温度和时间进行发酵。发酵适度,嫩叶色泽红润,老叶红里泛青,青草气消失,具有熟果香。

(四)干燥

干燥是将发酵好的茶坯,采用高温烘焙,迅速蒸发水分,达到保持干度效果的过程。其目的有三:一是利用高温迅速钝化酶的活性,使茶叶停止发酵;二是蒸发水分,缩小体积,固定外形,保持干度以防霉变;三是使青草气味散尽,获得红茶特有的甜香。

红茶的干燥一般采用机器烘焙法,分毛火和足火两次进行(第一次烘干称毛火,第二次烘干称足火)。毛火烘焙温度较高,可使茶叶温度短时间内升高到105℃,迅速破坏酶的氧化作用。烘至茶坯含水量为25%时,下烘摊凉30分钟,然后进行足火烘焙。足火烘焙采用90—95℃的温度慢烘,以促进茶叶香味的充分生成,烘至茶叶含水量为5%—6%即可。足火下烘后应立即摊凉,散发热气,待茶叶温度降至略高于室温时装箱。

三、红茶的分类

根据加工工艺的不同,红茶分为小种红茶、工夫红茶、红碎茶三种。

(一)小种红茶

小种红茶是产自福建武夷山一带的特产,是最古老的红茶。桐木关位于武夷山国家级自然保护区的核心地带,是小种红茶的发源地。这里峡谷绵延,九曲溪蜿蜒其中,景致极为秀美。得益于优异的生态环境,茶蓬生长繁茂,茶叶肥厚,生产的红茶香气和滋味俱佳。与其他红茶不同的是,传统的小种红茶采用了松材明火来进行加温萎凋和干燥,因此小种红茶的风味带有独特的松烟香。

因产地和品质的不同,小种红茶又分为正山小种和外山小种,以星村乡桐木关生产的最为正宗,品质最佳,通常称为"正山小种"或者"星村小种";其邻近地区的小种红茶,品质稍逊,统称为"外山小种"。

（二）工夫红茶

工夫红茶是我国传统的红茶品种，因初制时特别注意条索的完整紧结，精制时工艺复杂，费时费力，技术性强而得名。中国工夫红茶品类多，产地分布较为广泛，福建、云南、广东、广西、海南、四川、湖北等地皆有生产。它是中国红茶中最具活力的品类。

根据茶树品种和产品要求的不同，可以分为大叶种工夫红茶和中小叶种工夫红茶两类。例如，红茶中品质较优的两类——产自云南的"滇红工夫"和产自安徽的"祁红工夫"，就是典型的大叶种工夫红茶和中小叶种工夫红茶。"滇红工夫"的外形条索肥壮、紧结重实，金毫特多，香气浓醇，带花果香，汤色红艳带金圈，滋味浓厚，叶底肥厚；"祁红工夫"的外形条索细秀，有锋苗，色泽乌润，香气清新，带有类似蜜糖或苹果的香气，在国际市场上被誉为"祁门香"。

19世纪80年代之前，中国的工夫红茶在全球红茶生产与贸易市场上一直占据垄断地位。直到20世纪初，当红碎茶开始取代工夫红茶逐渐成为世界茶叶市场主力军时，工夫红茶在国际市场上的份额才开始逐渐减少。

（三）红碎茶

红碎茶是国际茶叶市场上的大宗商品。印度、斯里兰卡、肯尼亚、孟加拉国、印度尼西亚等是世界上主要的红碎茶生产国。红碎茶始创于1880年前后，百余年来发展甚快，已占到世界红茶产销总量的95％以上。

鲜叶在经过揉捻后还要经过充分的揉切，由于细胞破碎率高，有利于茶多酚的化合反应和冲泡时茶汁的浸出，红碎茶表现出香气持久，滋味浓厚鲜爽，加牛奶、白糖后仍有较强茶味的品质特点，与工夫红茶有明显的区别，很符合国外消费者的口味。

红碎茶因产地、品种等不同，品质特征也有很大差异。根据加工后外形的不同，可分为叶茶、片茶、碎茶和末茶。叶茶是带有金黄茶毫的短条形红茶；片茶是小片形红茶，质地较轻；碎茶外形较叶茶细小，呈颗粒状或长粒状，在红碎茶中最为常见；末茶外形呈沙粒状，滋味较浓，其因容易冲泡，是袋装茶的好原料。我国的红碎茶以云南、广东、广西出产的品质最好。

任 务 实 施

对红茶的产地、加工以及分类等相关知识进行介绍。

任务评价

表 3-4　红茶知识讲解评分表

项目	评价内容		组内互评	小组评价	教师评价
知识	应知应会	红茶的加工	优□良□差□	优□良□差□	优□良□差□
		红茶的分类	优□良□差□	优□良□差□	优□良□差□
能力	收集、整理、表述	查找	优□良□差□	优□良□差□	优□良□差□
		分析	优□良□差□	优□良□差□	优□良□差□
		归纳	优□良□差□	优□良□差□	优□良□差□
		整理	优□良□差□	优□良□差□	优□良□差□
		表述	优□良□差□	优□良□差□	优□良□差□
态度	积极主动、热情礼貌		优□良□差□	优□良□差□	优□良□差□
	有问必答、耐心服务		优□良□差□	优□良□差□	优□良□差□
提升与建议				综合评价	优□良□差□

考核日期：　　　　　　　　考核人：

任务三　赏茶

任务布置

①了解国内红茶的代表名茶

②能够辨认 5 种名优红茶

③能够正确推介名优红茶

任务分析

一、红茶的鼻祖——正山小种

（一）茶之源

福建武夷山一带的正山小种是世界红茶的鼻祖，创制于明朝年间。正山小种是中国最早出口欧洲的茶叶品种。

正山小种的传统工艺包括鲜叶采摘、萎凋、揉捻、发酵、过红锅、复揉、熏焙7道工序。其中,有一道独特的工序——过红锅,即把发酵过的茶叶放在高温锅内,经20—30秒快速摸翻抖炒,使茶叶迅速停止发酵,提高香气,丰富茶汤滋味。

(二)茶之饮

茶具:150毫升容量的盖碗。

投茶量:5克。

水温:90—95℃。

茶水比:1∶30。

冲泡方法:温热杯盏,投茶入壶,沿着盖碗杯壁顺时针注水,前三泡5秒钟出汤,后面根据茶汤延长坐杯时间。

(三)茶之赏

正山小种的干茶外形:色泽乌润,条索肥壮紧实。

正山小种的茶汤颜色:橙黄透亮。

正山小种的叶底性状:肥厚红亮。

正山小种的茶汤香气:香气持久,带有松烟香。

正山小种的茶汤滋味:浓厚而甘醇,带有桂圆汤味。

图3-15为正山小种的干茶。

图 3-15 正山小种干茶

茶 百 科

烟小种 VS 无烟小种,哪个好?

采用传统熏制方法熏制的正山小种与使用机械设备烘干的无烟小种的品质没有高低之分,都别具特色,只是采用传统工艺制作的正山小种松烟香比较明显,颜色更深,近似酒红色。

目前市面上的正山小种大多是无烟小种,因为传统熏制法用到的松木成本高,且不够环保。

二、后起之秀——金骏眉

(一)茶之源

金骏眉产自福建省武夷山一带,是由正山小种红茶第二十四代传承人江元勋带领团队在正山小种传统工艺的基础上通过创新融合于 2005 年研制出的新品种红茶。

金骏眉之所以名贵,是因为这种红茶全程都由制茶师傅手工制作。摘于武夷山国家级自然保护区内海拔 1200—1800 米高山的原生态新鲜茶芽,经过一系列复杂的手工加工步骤,制得地道的金骏眉。每 500 克金骏眉需要数万颗的茶叶鲜芽尖。金骏眉外形细小紧密,伴有金黄色的茶毫,汤色金黄,入口甘爽,其被誉为"红茶中的极品"。

(二)茶之饮

金骏眉的冲泡器具推荐选择瓷质盖碗或紫砂壶。由于芽叶原料较为幼嫩,在冲泡过程中水温不宜超过 90℃,第一泡 15 秒左右出汤,之后的每一泡依个人喜好可比前一泡增加 5—10 秒。

(三)茶之赏

金骏眉的干茶外形:条索紧结、纤细,圆而挺直,有锋苗,身骨重,颜色"三黄七黑",为金、黄、黑相间。

金骏眉的茶汤颜色:金黄透亮,金圈明显。

金骏眉的叶底性状:呈金针状、匀整,叶色呈古铜色。

金骏眉的茶汤香气:具有复合型花果香、蜜香。

金骏眉的茶汤滋味：醇厚甘甜爽滑，韵味持久。

图 3-16 为金骏眉的干茶。

图 3-16 金骏眉干茶

三、用香气征服世界——祁门红茶

(一)茶之源

产自安徽祁门的祁门红茶是我国工夫红茶中的珍品，由安徽茶农创制于清光绪年间。祁门红茶是红茶中的极品，多年来一直是中国的国礼茶，是英国女王的至爱饮品，香名远播，有"群芳最"和"红茶皇后"的美称。

祁门红茶的鲜叶采自祁门当地茶树品种——褚叶种(也称祁门种)。祁门红茶采制工艺精细，大致分为鲜叶采摘、初制和精制三个主要过程。

采摘：祁门红茶现采现制，以保持鲜叶的有效成分。祁门红茶的采摘标准十分严格，高档茶以一芽一叶、一芽二叶原料为主，分批、多次留叶采，春茶采摘 6—7 批，夏茶采 6 批，秋茶少采或不采。

初制：包括萎凋、揉捻、发酵、烘干等工序。首先，使芽叶由绿色变成紫铜色，茶身成条，香气透发，再采用文火烘焙至干。发酵是红茶制作的独特阶段，是决定祁门红茶品质的关键，发酵室温度宜控制在 30℃ 以下。发酵后叶色转红，即可形成祁门红茶红叶红汤的品质特点。初制成品称为"红毛茶"。

精制：红毛茶制成后，还须进行精制，茶叶要分长短、粗细、轻重，剔除杂质。祁门红茶精制很费工夫，包括初抖、分筛、打袋、毛抖、毛撩、净抖、净撩、挫脚、风选、飘筛、撼筛、手拣、拼配、补火、匀堆、装箱等 16 道工序，其中的手工制作工序主要有分筛、打袋、风选、手拣、补火和匀堆等。再根据其外形和

内质分为礼茶、特茗、特级、一级、二级、三级、四级、五级、六级、七级。

精制加工后的祁门红茶，外形条索紧结，细小如眉，苗秀显毫，色泽乌润。茶叶有着类似玫瑰花的香气，也有人说似果香，似花香，似蜜香，国际茶市上把这种香气叫作"祁门香"。茶叶汤色和叶底颜色红艳明亮，口感鲜醇，即便与牛奶和糖调饮，其香也不减，甚至更加馥郁。

为了更好地满足市场需求，祁门红茶在工夫红茶的基础上，创新加工方法，形成了富有特色的系列产品，主要有祁红毛峰、祁红香螺等。

祁门红茶各等级的品质特点如表 3-5 所示。

表 3-5　祁门红茶各等级的品质特点

等级	品质特点
礼茶	外形：细嫩整齐，有很多嫩毫，色泽油润 香气与滋味：香气浓醇，有清新的嫩香味，有独特的"祁红"风格 水色：红艳明亮 叶底：绝大部分是嫩芽叶，色鲜艳，整齐美观
特茗	外形：条索细整，嫩毫显露，长短整齐，色泽油润 香气与滋味：香气浓醇，有嫩香味，有独特的"祁红"风格 水色：红艳明亮 叶底：嫩芽叶与礼茶相比较少，色鲜艳
特级	外形：条索紧细，嫩毫显露，色泽油润，匀整 香气与滋味：香气浓醇，滋味鲜爽，有独特的"祁红"风格 水色：红艳明亮 叶底：嫩度明显，芽叶整齐，色鲜艳
一级	外形：条索紧细，嫩度明显，长短均匀，色泽油润 香气与滋味：香气浓，有"祁红"特有的果糖香 水色：红艳明亮 叶底：嫩叶匀整，色红艳
二级	外形：条索细正，嫩度较一级茶少，色泽油润 香气与滋味：香气浓，有"祁红"特有的果糖香 水色：不及一级茶红艳明亮 叶底：芽条匀整，发酵适度
三级	外形：条索紧实，芽叶较二级茶略粗，整度均匀 香气与滋味：香味醇正，滋味鲜、有收敛性，"祁红"特征依然显著 水色：不及二级茶红艳明亮 叶底：茶条匀整，发酵适度
四级	外形：条索粗实，叶质稍轻，匀净度较差，色泽带灰 香气与滋味：香味醇正，有相应浓度，仍有"祁红"风味 水色：红色，明度稍逊色 叶底：匀整度较差，色红而欠匀

续表

等级	品质特点
五级	外形:条索较粗,稍有筋片,匀净度较差,色泽带灰 香气与滋味:香味醇甜偏淡,但无粗老味 水色:红色,明度稍逊色 叶底:色红而欠匀,稍含梗
六级	外形:条索较松,夹有片朴,色泽花杂 香气与滋味:香味淡,浓度不足 水色:红色,明度明显逊色 叶底:红杂,含梗
七级	外形:条索松,身骨轻,色泽枯杂 香气与滋味:香味淡,有粗老味 水色:淡而不明 叶底:颜色暗,有明显的梗

（二）茶之饮

清饮最能品味祁门红茶的隽永香气。冲泡可用大杯泡,一般选用瓷质茶壶、茶杯,采用中投法冲泡。茶水比例在1∶30左右。泡茶的水温在90℃左右。注水应细柔,既让茶叶充分浸润,又可以减少苦涩感,冲泡45秒后倒入小杯品饮,一般可反复冲泡3—4次。

（三）茶之赏

祁门红茶的干茶外形:条索紧细秀气,色泽乌黑油润,泛灰光。

祁门红茶的茶汤颜色:红艳明亮。

祁门红茶的叶底性状:嫩、软、红、亮。

祁门红茶的茶汤香气:清香持久,似果香又似玫瑰香。

祁门红茶的茶汤滋味:醇厚甘甜,回味持久。

图 3-17 为祁门红茶的干茶。

图 3-17 祁门红茶干茶

四、浓香的"云南味"——滇红工夫

（一）茶之源

滇红工夫是以从云南大叶种茶树上采摘的鲜叶为原料制作而成的工夫红茶，于1938年试制成功，当时命名为"云红"，后改为"滇红"。现主产于云南省临沧市、普洱市、西双版纳傣族自治州、保山市，以临沧凤庆县、保山昌宁县最具代表性。滇红工夫取一芽一叶或一芽二叶制成，成品条索紧结，肥硕雄壮，色泽乌褐油润，金毫显露，汤色红艳明亮，香气浓郁，滋味甘醇。1958年，滇红工夫被认定为国家外事礼茶；1986年，凤庆茶厂生产的滇红工夫作为国礼赠送给到访中国的英女王伊丽莎白二世；2014年，滇红茶制作技艺入选国家级第四批非物质文化遗产代表性项目。

20世纪末，滇红工夫仍主销俄罗斯及东欧。使用滇红工夫制作调饮时，可以加入牛奶和糖，制成的奶茶风味独特，受到广大消费者的喜爱。

（二）茶之饮

冲泡滇红工夫推荐采用工夫茶泡法，使用盖碗或瓷壶冲泡。投茶量在4—5克，加水150毫升左右。

使用95℃左右的开水冲泡，冲水后第一泡20秒左右出汤，然后将茶汤倒入品茗杯中饮用。高档滇红工夫的茶汤与茶杯接触处常显金圈，冷却后立即出现乳凝状的冷后浑现象。

（三）茶之赏

滇红工夫的干茶外形：茶条紧直肥壮，芽头秀丽完整，金毫显露，色泽乌黑油润。

滇红工夫的茶汤颜色：红艳透亮。

滇红工夫的叶底性状：红匀明亮。

滇红工夫的茶汤香气：花蜜香，薯香馥郁。

滇红工夫的茶汤滋味：浓郁强烈，鲜爽，回味甘甜。

图3-18为滇红工夫的干茶。

图 3-18 滇红工夫干茶

茶 思 政

滇红茶——抗战茶

滇红茶诞生于抗日战争时期。1938 年 11 月,受中国茶叶总公司委派,著名茶叶专家冯绍裘先生一行辗转抵达凤庆,采摘鲜叶试制工夫红茶、绿茶各约 500 克。两种茶样寄到香港,均获茶界高度评价。当局遂在云南创建云南中国茶叶贸易股份有限公司,开发红茶以供出口。产品起初取名"云红",后来改称"滇红"。

滇红茶创制伊始,便一举成名,在香港、伦敦的茶市卖出高价,成为当时出口创汇支援抗战的战略物资之一,被誉为"抗战茶"。

五、香飘海外的"中国红"——英德红茶

(一)茶之源

英德位于广东省的中北部,产茶历史悠久,可追溯至 1200 多年前的唐朝。陆羽的《茶经》曾记载:"岭南生福州、建州、韶州、象州……往往得之,其味极佳。"其中的"韶州"就包含了今天的英德地区。1956 年,英德从云南凤庆等地引进茶树良种——云南大叶种试种成功;1959 年英德茶厂成功试制英德红茶,其以色泽乌润细嫩、汤色明亮红艳、滋味醇香甜润、气味浓郁纯正享誉中外。20 世纪 60—80 年代,英德已经掌握了出色的红碎茶制作技术,并将红碎茶出口欧洲,其因独特的浓郁香味名扬海外。英德红茶一般分为两类,一类是中小叶品种,一类是大叶的英红九号,两种都可以称为英德红茶。

茶百科

英红九号

英红九号由广东省农业科学院茶叶研究所创制。所有用英红九号品种芽叶加工而成的红茶均称作"英红九号"。英红九号主产区在英德,广东省内各地均有分布,湖南、广西、福建等地有少量分布。

英红九号采用传统的萎凋、揉捻、发酵、干燥等工艺加工而成。鲜叶原料分级标准:特级为单芽,一级为一芽一叶初展,二级为一芽二叶及其同等嫩度对夹叶。英红九号外形条索紧实、匀整,香气浓郁持久,滋味浓醇爽口,汤色红亮,叶底红亮。

(二)茶之饮

英德红茶在选用盖碗或者壶冲泡时,要尽量沥干茶汤,出汤完成后及时开盖散热。如果采用大杯泡法,茶水比可控制在 1:30,即 3 克茶约加 100 毫升水,水温不超过 95℃,浸泡 1 分钟。这样的冲泡方法可以一次性将茶中大部分内含物质冲泡出来,英德红茶浓厚鲜爽的特性能得到明显的体现。

(三)茶之赏

英德红茶的干茶外形:条索紧结重实,色泽油润,金毫显露。

英德红茶的茶汤颜色:中小叶种汤色橙红,英红九号汤色浓红。

英德红茶的叶底性状:柔软红亮。

英德红茶的茶汤香气:花香、薯香浓郁。

英德红茶的茶汤滋味:中小叶种滋味鲜爽,英红九号滋味浓厚。

图 3-19 为英德红茶的干茶。

图 3-19　英德红茶干茶

任务实施

识别茶样

1. 备器

表 3-6 需准备的器具

器具类别	名称	规格	数量
审评器具	茶盘	白色木质 30cm×30cm	5
	茶样	红茶茶样	5

2. 识茶

在规定时间内,辨认出陈列的 5 种红茶的品种及产地,能够简单描述其品质特征。

任务评价

表 3-7 红茶识别评分表

项目	要求和评分标准	分值	组内评分	教师评分	最终得分
茶样辨识 (40 分)	规范摆放及整理茶样、茶盘	10			
	观察干茶外形,准确说出 5 种红茶的名字及产地	30			
描述特点 (30 分)	说出指定红茶的干茶外形特点	15			
	说出指定红茶冲泡后的滋味特点	15			
推介茶品 (30 分)	结合产地与品质特点,介绍一款自己喜欢的红茶	15			
	简述红茶的加工工艺	15			
合计		100			

考核日期: 考核人:

任务四 事茶

任务布置

①了解茶叶的营养成分和功效

②了解与饮茶习惯相关的养生之道

③掌握科学饮茶的方法

任务分析

　　茶是当今世界各国医学专家公认的保健饮料。从汉代开始,很多古籍医书都记载了茶的药用价值和保健功效,如《本草纲目》《神农本草经》《食论》等。古人认为,常饮茶能祛顽疾、强体魄、安心神、润喉肠、保持身材等。

　　随着科学技术的发展,国内外大量研究结果表明,茶叶的多种成分对人体有益。

一、茶叶的主要成分及其特性

(一)茶叶中的化学成分

　　到目前为止,茶叶中经分离、鉴定的已知化合物有 700 多种。茶叶鲜叶包含水、干物质(无机化合物和有机化合物),如图 3-20 所示。

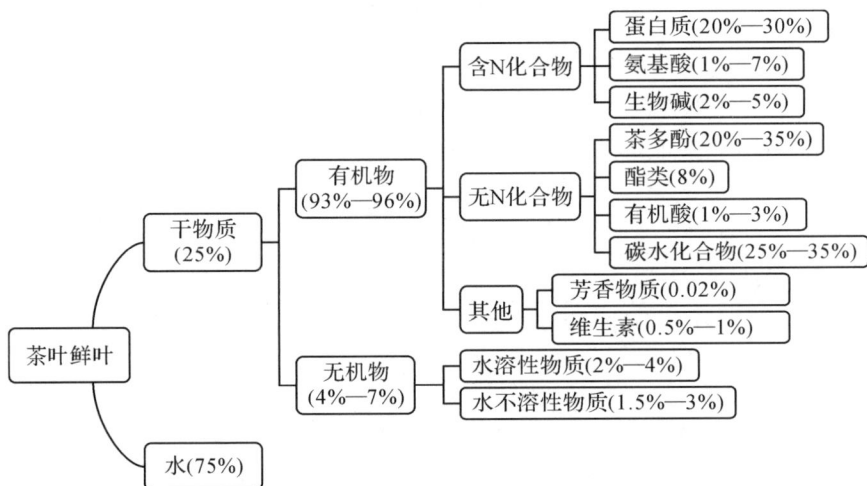

图 3-20　茶叶鲜叶中的成分

(二)茶叶的成分和相应的功效

1. 茶多酚及其氧化物

　　茶多酚包括黄烷醇类、花色苷类、黄酮类、黄酮醇类和酚酸类等,主要成分为黄烷醇类(儿茶素)。茶的涩味主要来源于茶多酚。审评时多用"收敛性"来进行描述。因茶多酚类物质与口腔黏膜表层的蛋白质结合,暂时凝固成不透水层,这一层薄膜就会产生涩的味觉体验。此外,茶多酚类物质容易在多酚氧化酶或其他氧化剂的催化作用下生成茶黄素、茶红素和茶褐素,这些产物与红茶的品质相关。

近年来,药学界对茶多酚的研究报道较多,研究结果表明,茶多酚具有较强的抗氧化作用,还具有抑菌、保护心血管、降血脂等功效。

不同茶叶中茶多酚的含量是不同的,从茶类看,茶多酚含量由多至少依次为绿茶、乌龙茶、红茶;从采摘的季节看,茶多酚含量由多至少依次为夏茶、秋茶、春茶;从茶树品种看,茶多酚含量由多至少依次为大叶种、中叶种、小叶种。

2.氨基酸

茶叶中有 26 种氨基酸,其中茶氨酸是茶树中含量最高的游离氨基酸,其含量占氨基酸总量的一半以上,它也是茶叶特有的氨基酸,可以作为鉴别真假茶叶的标志性物质。茶氨酸在茶汤中的泡出率可达 80%,是使茶汤呈现鲜爽味的主要成分。

3.咖啡因

咖啡因最初在咖啡中发现,因此将其称为咖啡因。茶叶中的咖啡因含量为 2%—5%,比咖啡豆中的咖啡因含量(1%—2%)还高。咖啡因含量随茶树生长发育条件及品种的不同而有所差别,一般嫩芽中含量最高,随着茶叶成熟度增加,咖啡因含量逐渐减少。咖啡因为茶汤带来苦的味道,也是一种中枢神经兴奋剂,具有促兴奋、强心、促进消化液分泌等功效。

虽然咖啡因有振奋精神的作用,但因为喝茶时,同时摄入了一定量的茶氨酸,而茶氨酸具有镇静安神的作用,抵消了一部分咖啡因的兴奋作用,因此喝茶时的兴奋感没有喝咖啡时强烈。

4.茶多糖

茶多糖主要为水溶性物质,易溶于热水,一般情况下,茶叶鲜叶越老,茶多糖含量越多,茶多酚含量越少。茶多糖具有多种保健功效,如降血糖、抗氧化、调节免疫力等。

5.芳香物质

茶叶中的芳香物质可以通过对人体的嗅觉神经系统产生综合作用,影响人体的精神状态和免疫系统。其生物活性作用主要有抗菌消炎、止痛、镇静、改善免疫力等。

6.维生素

茶叶中含有多种维生素,一般分为水溶性维生素和脂溶性维生素两类。水溶性维生素主要有维生素 B 和维生素 C。脂溶性维生素主要有维生素 A、维生素 E、维生素 K 等。在茶叶中,维生素 C 的含量最多,尤其在高档绿茶中更是如此。维生素 C 是人体正常生长发育所必需的物质。

7.矿物质和微量元素

茶叶中的无机物占干重的 8% 左右,并且约一半的无机物能够溶于水,从而被饮茶人吸收利用,其中含有大量人体必需的矿物质和微量元素,如钙、铁、锰、氟等。矿物质和维生素一样是人体正常生长发育所必需的物质,对生命健康有重要的作用。如氟元素对牙齿和骨骼健康至关重要,少量氟可以增强牙釉质对细菌腐蚀的抵抗力,防止龋齿。很多茶叶还富含硒元素,硒元素能刺激免疫球蛋白及抗体产生,增强人体免疫力。

二、饮茶与养生

(一)因时饮茶

一般而言,四季饮茶各有不同。春饮花茶,夏饮绿茶,秋饮青茶,冬饮红茶。春暖花开时节,饮花茶(如茉莉花茶)可以帮助散发冬天里积存在人体内的寒气,其浓郁的香气,还有助于人体阳气的生发。炎炎夏日,多饮绿茶,可消暑降燥。秋天讲究平和,青茶不寒不热,有助于解秋燥,生津平气。寒冷的冬季,红润怡人的红茶,恰能驱散湿寒,暖身又暖心。

清晨空腹时不宜饮浓茶。上午喝红茶较好,因为红茶可促进血液循环,保证大脑供血充足。午餐小憩后,一杯绿茶可帮助调节情绪,恢复体力。而到午后,来一杯青茶,配上几块可口点心,能缓解工作疲惫,补充体力,提升效率。晚上喝茶,要喝发酵程度高一些的茶,对人体肠胃的刺激性小一些,还可以帮助消化。睡前两小时不建议饮茶,以免影响睡眠。

(二)因人饮茶

不同人的体质、生理状况和生活习惯有很大的差异,因此饮茶后身体会出现不同的感受和不同的生理反应。选择茶叶必须因人而异。

（三）饮茶禁忌

1.忌饭前饭后大量饮茶

饭前和饭后不应大量饮茶。饭前饮茶过多会冲淡胃液，影响食物的消化和吸收。饭后大量饮茶不仅会加重肠胃的负担，还会影响蛋白质和铁质的消化吸收。

2.忌饮浓茶

浓茶中含有过量的茶多酚和咖啡因。过量饮用浓茶会造成人体新陈代谢功能紊乱，引发头痛、恶心、失眠、烦躁、肠胃功能失调等问题。此外，长期饮用浓茶，还会影响人体对蛋白质和铁质的吸收。

3.忌用茶水服药

茶叶中的一些成分有可能降低药物的药性，甚至可能改变药效。一般情况下，服药两个小时内不宜饮茶。

另外，冠心病患者、贫血患者、失眠患者、神经衰弱患者、胃肠疾病患者等也不宜饮茶。

任务实施

了解自己和同学的体质特点，提出相应的饮茶建议。

任务评价

表3-8　任务评价表

项目		评价内容	组内互评	小组评价	教师评价
知识	应知应会	茶叶的保健成分	优□ 良□ 差□	优□ 良□ 差□	优□ 良□ 差□
		茶叶的健康功效	优□ 良□ 差□	优□ 良□ 差□	优□ 良□ 差□
		正确饮茶方式	优□ 良□ 差□	优□ 良□ 差□	优□ 良□ 差□
能力	收集、整理、表述	查找	优□ 良□ 差□	优□ 良□ 差□	优□ 良□ 差□
		分析	优□ 良□ 差□	优□ 良□ 差□	优□ 良□ 差□
		归纳	优□ 良□ 差□	优□ 良□ 差□	优□ 良□ 差□
		整理	优□ 良□ 差□	优□ 良□ 差□	优□ 良□ 差□
		表述	优□ 良□ 差□	优□ 良□ 差□	优□ 良□ 差□

项目	评价内容	组内互评	小组评价	教师评价
态度	积极主动	优□良□差□	优□良□差□	优□良□差□
	热情礼貌	优□良□差□	优□良□差□	优□良□差□
提升与建议			综合评价	优□良□差□

考核日期：　　　　　　　　　考核人：

这一天,茶室进来了几位老茶客。客人一上来就问:"你们家的'牛肉'到了吗?"工作人员小叶一脸茫然,正想向客人解释这里不卖肉,旁边的主管瞧见老顾客,连忙上前笑道:"先生,您来得真巧,店里刚进了一批定制的'牛肉',给您来点尝尝?"一边说着,一边将客人往包厢引去。

等主管忙完,小叶连忙上前询问:"茶馆里还卖肉吗?"主管笑着回答:"这'牛肉''马肉'呀,都是不同产区的岩茶,还有'猪肉''象肉'……"

小叶十分好奇,她暗暗记下了这些奇怪的名字。查找资料后发现,原来这些都是青茶(乌龙茶)。

身为茶艺师的你,能正确介绍并冲泡青茶吗?

任务一　品茶

①了解铁观音的产地、由来及品质特点
②能正确选择冲泡铁观音的器具,并进行布席
③能正确地冲泡铁观音
④能够简单描述并推介铁观音

一、铁观音的产地

铁观音属于青茶,是青茶的典型代表。青茶介于绿茶和红茶之间,属于半发酵茶类。青茶采制工艺的诞生,是对中国传统制茶工艺的又一重大革新。

铁观音是中国传统名茶,是中国十大名茶之一。原产于福建省泉州市安溪县西坪镇,创制于清雍正及乾隆年间。铁观音有"茶中之王"的美誉,其茶叶颜色砂绿,呈螺旋状,香气悠长馥郁,滋味回甘悠长,具有独特的兰花香。质量好、制作手法优良的铁观音,叶尖有独特的泛红特点,因此也叫"红心观音"。

安溪产茶始于唐末。宋元时期,无论是寺观还是农家均已产茶。明清时期是安溪茶叶走向鼎盛的一个重要阶段。明代,安溪茶业生产的一个显著特点是饮茶、植茶、制茶广泛,并迅速发展成为当地的一大产业。清初,安溪茶业迅速发展,相继发现了一大批优良茶树品种。这些品种的发现,使安溪茶业步入了鼎盛发展阶段。清朝雍正及乾隆年间,铁观音被正式创制。清光绪二十二年(1896年),安溪人张乃妙、张乃乾兄弟将铁观音传至台湾木栅地区及福建永春、南安、华安、平和、福安、崇安、莆田、仙游等地。这一时期,安溪青茶生产技术还不断向海外传播,铁观音等优质名茶声誉日增。

铁观音在历史长河中获得了无数的荣誉。2008年,乌龙茶制作技艺(铁观音制作技艺)被列入第二批国家级非物质文化遗产名录;2010年,安溪铁观音以"十大名茶之首"亮相上海世博会;2022年5月,因在农业、社会价值与文化、生态、景观等众多领域的显著特点和重要性,"中国福建安溪铁观音茶文化系统"被联合国粮食及农业组织正式认定为"全球重要农业文化遗产";2022年11月,包含铁观音制作技艺在内的"中国传统制茶技艺及其相关习俗"被列入联合国教科文组织人类非物质文化遗产代表作名录。

二、铁观音的加工

铁观音制作技艺兼收并蓄,吸取了红茶"全发酵"和绿茶"不发酵"的制茶原理,创造出一套"半发酵"的制茶方法。"半发酵"的程度要不偏不倚,既不能不发酵,又不能发酵过头。其精湛的加工工艺,费时费工,细致繁杂,技术性很强,在茶叶界被公认为"最高超的制茶工艺"。

铁观音的加工工艺复杂,包括鲜叶采摘、初制、精制,光初制就有10道工序。

（一）鲜叶采摘

铁观音一年可采4次,即春茶、夏茶、暑茶、秋茶,以春、秋季采摘为主,一般是人工采摘。采摘标准:当嫩梢芽叶形成驻芽时,采摘驻芽二三叶,俗称"开面采"。所谓"开面",按新梢生长程度不同又有"小开面""中开面""大开面"之分。"小开面"指驻芽梢顶部第一叶的面积相当于第二叶的1/2,中开面指驻芽梢顶部第一叶的面积相当于第二叶的2/3,大开面指顶叶的面积与第二叶相似。春茶、秋茶采取"开面采",即待顶叶展开,出现驻芽,采摘一芽二叶或一芽三叶;夏茶、暑茶适当嫩采,采用"小开面";丰产茶园茶叶茂盛,持嫩性强,则采摘一芽三叶、一芽四叶。

茶 百 科

铁观音的"春水秋香"是什么意思?

春秋两季的铁观音产量占了全年产量的80%,安溪大部分也只做春秋两季茶。春茶韵味悠长,茶汤淡雅含蓄;秋茶香气浓郁,但茶汤滋味略逊色。俗话说"春水秋香",意思是春季铁观音茶汤层次更胜一筹,秋茶则香气更突出,各有千秋。

（二）初制

时至今日,铁观音制作的某些工序还不能用机械代替,因此铁观音的制作离不开制茶师傅的手艺,故有"好喝不好制"之说。

1.晒青

晒青的时间一般在下午4—5时。把鲜叶放在笳篱上,每笳篱摊叶量为0.7—1.5千克。历时10—20分钟,其间翻拌1—2次,直到叶面失去光泽,叶色变为暗绿,发出微微香气,同时叶质萎软,手持嫩梗弯而不断,稍有弹性感,即可完成晒青。

2.晾青

将晒青后的茶叶移到晾青架上,茶叶由两笳篱拼成一笳篱,或由三笳篱拼成两笳篱,稍加摇动,使茶叶呈蓬松状态,历时40—60分钟。晾青主要用来散发热气。

3. 摇青

摇青又称为筛青,是制作铁观音的关键工艺,在此过程中,茶叶会形成"绿叶红镶边"现象。摇青时用茶筛进行操作,每筛装叶量为2.5—3千克,双手握住筛的边沿做前后、上下摇动,使叶子呈波浪式翻滚状态,茶叶之间不断摩擦、碰撞。

筛青需要进行4—5次,历时10—12小时,直至呈现梗蒂青绿,叶脉透明,叶肉淡绿,叶缘珠红,即出现"青蒂、绿腹、红镶边"才结束。

4. 炒青

炒青一般在采摘后次日5—6时进行,每次投叶量为2—3千克。当锅温升至230—250℃时,叶子下锅,不断翻炒。结束时,叶色由青绿色变为黄绿色,叶张皱卷,叶质柔软,顶叶下垂,手捏有黏性。

5. 揉捻

把茶叶倒入木质手推揉捻机中,投叶量为每桶3—5千克,转速为40—50转/分钟,历时3—4分钟,其间要停机翻拌一次。操作应遵循"趁热、适量、快速、短时"的原则,防止闷黄劣变。

揉捻的目的是使叶细胞部分组织破裂,挤出茶汁,凝于叶片表面,并且将茶叶初步揉卷成条,增强叶子的黏性和可塑性。

6. 初烘

将茶叶放在烘焙笼上,用炭火烘焙。一般初烘的投叶量为1.5—2千克,温度为90—100℃,历时10—15分钟。其间翻拌2—3次,烘至六成干、茶条不粘手为止。

7. 包揉

包揉是铁观音的独特工序,也是茶叶塑形的重要手段,它采用揉、搓、压、抓等操作,进一步揉破叶细胞组织,揉出茶汁,使茶条紧结、卷曲、圆实。

包揉使用白细布巾。将茶坯趁热放入布巾中,每包叶量约0.5千克。将其放在木板椅上,一手抓住布巾包口,另一手紧压茶团进行前后滚动推揉。用力应先轻后重,使茶坯在布巾中翻动,轻揉1分钟后,解开布巾、茶团,再做2—3分钟的重揉。结束后,解去布巾,将茶团解散,以免茶叶闷热发黄。

8. 复烘

复烘俗称"游焙",主要用来蒸发水分,快速提升叶温。复烘温度控制在

80—85℃,投叶量为每烘焙笼 1—1.5 千克,历时 10—15 分钟。其间翻拌 2—3 次,烘至茶条有刺手感、约七成干为止。

9. 复包揉

复烘后的茶坯要趁热做复包揉,一直揉至外形紧结、圆实,呈"蜻蜓头" "海蛎干"形。复包揉后,要扎紧布巾口,搁置一段时间,把已塑成的外形固定下来。

10. 烘干

把茶叶放在烘焙笼中,用炭火进行低温慢烘,分两次进行。

第一次称为"走水焙",温度为 70—75℃,每烘焙笼放 3—4 个压扁的茶团,烘至茶团自然松开,八九成干下烘,再散热摊凉约 1 小时,使茶叶内部水分向外渗透。

第二次称"烤焙",温度为 60—70℃,每次投茶量为 2—2.5 千克,历时 1—2 小时。其间翻拌 2—3 次,烘至气味清纯,即可下烘。稍经摊凉后装进大缸里,此时的茶叶即为毛茶,已经可以泡饮。

(三)精制

铁观音的毛茶由于产地、季节、老嫩及制作技术不同,品质有差异,并且毛茶含有一定的梗、片、末等,影响茶叶的美观度,因此需要进行精制。

铁观音的精制流程为:筛分、拣剔、拼堆、烘焙、摊凉、包装。

1. 筛分

使用不同型号的茶筛进行筛分,使毛茶中的梗、片、末分离,使各级别的茶叶外形更相近。

2. 拣剔

拣剔采用人工手拣,要求达到"三清一净",即将茶中的梗、片和杂物拣清,地面干净无掉茶。

3. 拼堆

根据铁观音不同等级的质量要求,对号入座,将各等级的茶叶按比例拼堆,然后分别进行烘焙。

4. 烘焙

采用低温慢焙的方式,保持铁观音香浓、味醇、耐泡的品质。烘焙要根据茶叶等级、销售区域的不同,采用不同的火力。

5.摊凉

将茶叶薄摊于清洁干净的摊凉间,让其自然散热冷却,使茶叶内的水分重新分布平衡,保证茶叶质量,此时精茶才算制成。

6.包装

茶叶摊凉后要及时进行包装,防止受潮和混杂。包装一般分为大包装(运输包装)和小包装(礼品包装)。

三、铁观音的品质特点

用传统工艺制作的铁观音,既有地域、工艺、品种的香韵,又具有丰富多变的滋味,具体表现为第一年"清、锐、活",第二年"香、厚、甘",第三年"醇、滑"。现代工艺流程下制成的铁观音又分为几种不同香型,轻发酵、轻烘焙的铁观音,称为清香型铁观音,有接近绿茶般的清新;适度发酵、重烘焙的铁观音,称为浓香型铁观音,温厚似武夷岩茶;还有一种是烘焙后存放五年以上的铁观音,称为陈香型铁观音。

铁观音的干茶外形:肥壮、紧实、匀整,色泽砂绿,形似蜻蜓头、螺旋体。

铁观音的茶汤颜色:黄绿或者金黄色,清澈透亮。

铁观音的叶底性状:软亮、肥厚、匀整。

铁观音的茶汤香气:清香持久,兰香浓郁。

铁观音的茶汤滋味:鲜醇爽口,回甘明显。

图 4-1 为铁观音(清香型)的干茶。

图 4-1　铁观音(清香型)干茶

四、铁观音的冲泡方法

铁观音推荐采用工夫茶泡法。可用瓷质盖碗或紫砂壶冲泡,盖碗冲泡可使茶香更足,紫砂壶冲泡口感更佳。

正常大小的盖碗,投茶 8 克,用 100℃的开水冲泡。正式冲泡前,需要润茶至茶叶稍微舒展。沸水悬壶高冲,可以激发铁观音高扬的香气,前几泡浸泡时间不宜太久,尤其是清香型铁观音。后几泡可视茶的耐泡度适当延长冲泡时间。

出汤时需要把茶水倒干净,不能有水残留在壶内,否则后续茶汤不够鲜爽。

任务实施

铁观音的冲泡(双杯泡法)

1. 备具

(1)备器。

表 4-1　需准备的器具

器具类别	名称	规格	数量
主泡器具	随手泡	700—1000ml	1
	紫砂壶	150ml	1
	双杯组合	品茗杯 30ml 闻香杯 25ml、配套杯托	3
	公道杯	紫砂或白瓷质地	1
辅助器具	茶荷	白瓷或竹木质	1
	茶道组合	竹木质	1
	茶盘	带接水功能的茶盘	1
	茶仓	瓷或竹木质,容量约 50ml	1
	茶巾	棉麻质地	1
装饰器具	茶席、桌旗	防水质地	1
	插花	中式插花	1

(2)备茶。

茶叶用量没有统一标准,视茶具大小、茶叶种类和个人喜好而定。

一般来说,冲泡铁观音,茶与水的比例为 1∶20—1∶30(1 克茶叶用水 20—30 毫升),这样冲泡出来的茶汤浓淡适中。新手可用电子秤辅助,在专业的青茶审评中,茶水比是 1∶22。

(3)择水候汤。

冲泡用水最好选择有一定矿物质含量的山泉水或者纯净水,煮沸。

2.行茶

铁观音双杯泡法茶艺流程的主要步骤如下:

(1)备具:根据备具要求准备所需茶具,将茶具按照"左干右湿"原则整齐摆放于茶盘之上。如图 4-2 所示。

图 4-2　备具

(2)行礼。如图 4-3 所示。

图 4-3　行礼

(3)布具、翻杯:从左到右、从远到近依次摆放茶具。左侧:茶荷、茶仓、茶道组合。右侧:茶巾、杯托、随手泡。从左往右依次翻闻香杯、品茗杯。完成后行注目礼。如图 4-4 所示。

图 4-4　布具

（4）赏茶：按照取茶—取茶拨—拨茶的顺序操作，将茶叶拨入茶荷，从右向左一圈赏茶闻香，最后回到茶盘外左下侧。如图 4-5 所示。

图 4-5　赏茶

（5）温壶：左手取盖，右手取随手泡注水。接着放回随手泡，左手盖盖。双手捧壶逆时针旋转一圈温壶后，将多余水弃置。如图 4-6 所示。

图 4-6　温壶

（6）投茶：左手揭盖，双手取茶荷后将茶荷交于左手；右手取茶拨，拨茶入壶。如图 4-7 所示。

注意：茶水比为 1∶20—1∶30，若壶口较小，可用茶漏辅助。

图 4-7　投茶

（7）洗茶（第一次冲泡）：提水壶高冲，至水溢出紫砂壶壶面后左手刮沫。如图 4-8 所示。

图 4-8　洗茶

（8）温杯洁具：将壶中水从左到右依次倒入闻香杯，之后继续依照上述方法，将品茗杯注满，将多余茶水弃置。如图 4-9 所示。

图 4-9　温杯洁具

（9）第二次冲泡：左手揭紫砂壶盖，右手提壶注水。如图 4-10 所示。

图 4-10　第二次冲泡

（10）淋壶：洗闻香杯，将杯内茶水倾倒于紫砂壶壶身之上，以增加壶温，增强茶香，这也是养壶方式之一。如图 4-11 所示。

图 4-11　淋壶

（11）洗品茗杯：取茶夹或用手洗品茗杯，从左往右依次将杯中水倒入右侧杯中，循环洗杯，最后一杯水弃置后将茶具复位。如图 4-12 所示。

注意：淋壶、温杯的速度均需较快。

图 4-12　洗品茗杯

（12）分茶：提茶壶将茶汤注入闻香杯，从左到右，再从右到左，循环往复三次，使闻香杯中的茶汤均匀（七分满）。如图 4-13 所示。

图 4-13　分茶

将品茗杯扣在闻香杯之上，翻转，使得品茗杯在下，闻香杯在上，如图 4-14 所示。再将品茗杯放于杯托之上，依次放入奉茶盘中，留最后一杯做示饮。

注意：①翻转高度不宜超过眉毛。②可单手翻转，单手翻转时，食指和中指夹住闻香杯身，手心向上，手腕抬起，快速向内翻转使手心向下。

图 4-14　翻转茶杯

（13）奉茶：注意奉前礼、奉中礼和奉后礼。奉茶结束时，用双手将奉茶盘对角托起，面向自己身体，然后回到座位。如图 4-15 所示。

图 4-15　奉茶

(14)闻香(示饮):左手护品茗杯,右手握闻香杯。右手轻转闻香杯,上提闻香杯。可进行三次闻香操作。如图 4-16 所示。

图 4-16　闻香

(15)品饮(示饮):放下闻香杯,取品茗杯,先观汤色,再小口品饮,分三口饮完。如图 4-17 所示。

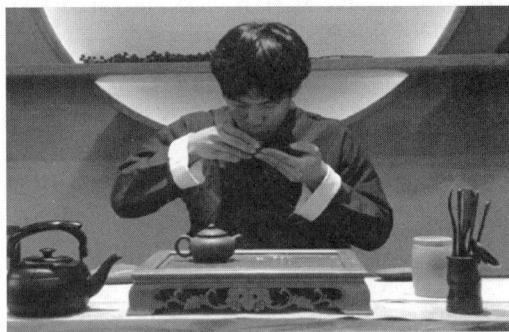

图 4-17　品饮

(16)收具:将桌面上的茶具从右至左收回,器具原路返回,最后移出的茶具最先收回。用过的茶具清洗干净,摆放整齐。

双杯泡法

3.展演

在进行铁观音茶艺表演时,可参考如下解说词。

开场白:尊敬的各位嘉宾,大家好!茶文化源远流长,现在就请各位领略中国茶文化,欣赏铁观音茶艺表演。

（1）初识观音，叶嘉酬宾。

"叶嘉"是苏东坡对茶叶的美称，叶嘉酬宾，就是请大家鉴赏铁观音的外观形状。铁观音主产于福建安溪，是青茶中的极品。安溪铁观音茶条卷曲，肥壮圆结，沉重匀整，色泽砂绿，整体形状似蜻蜓头、螺旋体。外形和叶底三分红、七分绿。

（2）温壶暖杯，冰心去尘。

为了更好地展现铁观音的品质特征，我们不仅要使用上好的饮用水，还要保持茶具的温度。为此，我们用热水温润紫砂壶，目的之一是暖具去尘，美其名曰"冰心去凡尘"，目的之二是提高茶汤的温度。

（3）观音入宫，优雅置茶。

使用干茶漏，把茶叶慢慢送入紫砂壶中。我们把这个过程形象地比喻为"观音入宫"。

（4）高山流水，凤凰点头。

提壶注水时逆时针旋转表示对嘉宾的欢迎。正所谓高山唱流水，凤凰三点头。

（5）乌龙入海，初现仙颜。

品铁观音讲究"头泡汤，二泡茶，三泡、四泡是精华"。头泡冲出的茶汤我们一般不喝，直接注入茶海。因为茶汤呈琥珀色，从杯口流向茶海好似蛟龙，所以称之为"乌龙入海"。

（6）再注甘露，玉液入壶。

第二次冲泡铁观音，需要等待一段时间，我们利用头泡茶汤温洗茶杯。

（7）祥龙行雨，天降甘露。

祥龙就是泡好的乌龙茶汤。我们轻柔地将紫砂壶中的茶汤倒入公道杯，然后把公道杯中的茶汤均匀地依次注入闻香杯中，这个动作称为"祥龙行雨"，也蕴含"天降甘露"的吉祥之意。我们轻轻地点注，慢慢地倒，细细地泡，我们用心为您泡一壶好茶。

（8）龙凤呈祥，鲤鱼翻身。

闻香杯中斟满茶后，将品茗杯倒扣在闻香杯上，称为"龙凤呈祥"，有天地合一、吉祥如意的美意。茶这种得天独厚的天然饮料，能帮助我们保持健康。茶道是中和之道，茶艺的慢生活理念有利于我们缓解精神压力，帮助我们提高生活品质。将品茗杯和闻香杯上下翻转寓意鲤鱼跃龙门，表达了我们对各位的美好祝愿。

（9）敬奉香茗，款款深情。

茶艺师优雅地端起一杯芬芳的佳茗，敬茶的手势，宛如捧着一颗心。他们优雅地走来，为各位嘉宾敬上用心冲泡的好茶。

（10）细闻幽香，闻香三式。

首先，慢慢拿起闻香杯，感受铁观音的绝世幽香。一嗅热香，香味浓郁，沁人心脾；二嗅幽香，一团和气，香气持久；三嗅冷香，香气淡雅，气味芬芳。

（11）三龙护鼎，三品得趣。

用食指和拇指夹住品茗杯身，中指托住杯底，这样拿杯的姿势稳妥大方，我们雅称为"三龙护鼎"。"品"字是由三个"口"字组成的，我们建议大家将茶汤也分三口来品：第一口轻啜茶汤，让舌尖与味蕾充分接触，感受茶汤的鲜美醇和；第二口让茶汤在舌尖与齿缝间反复游荡，体会茶之六味；第三口将茶汤一饮而尽，茶水由喉咙滑至腹内，享受酣畅淋漓、唇齿留香的感觉。

让我们细细品饮佳茗，感受幽香，共赏青茶极品的无限芬芳。

各位，今天的铁观音茶艺表演到此结束，谢谢您的观赏。

任务评价

表 4-2　茶艺技能考核表（青茶双杯泡法）

序号	鉴定内容	考核要点	配分	考核评分的标准	扣分	得分
1	仪表及礼仪	①发饰整齐、典雅②服饰得体，与该套茶艺文化特色相适宜③动作、手势、站立姿势端正大方	10	①着装得体，长发束起，不能披头散发②眼神平视，表情镇定，神态避免木讷、平淡③身体语言得体④注意行礼姿态⑤手势中不要有多余动作⑥坐姿得体，不要摇摆		
2	茶具配备及摆放技能	①茶具配套齐全、准备利索②摆放位置正确、美观	10	①茶具配套齐全，摆放整齐②茶具排列整齐③茶具取用注意卫生细节④茶具取用后注意复位顺序		
3	量茶择水	根据茶性，选择沏泡用水，掌握好水温	10	①取茶顺序正确，茶叶量适中②取水时手法、路线正确卫生		

序号	鉴定内容	考核要点	配分	考核评分的标准	扣分	得分
4	茶艺演示	①演示过程顺畅 ②演示动作得当,体现艺术特色	50	①赏茶:茶叶不落 ②温杯:拿取手势及动作幅度不宜过大 ③浸润泡:茶水比适量,注水量一致 ④冲泡:水不洒不断 ⑤奉茶:行为恰当,使用礼貌用语 ⑥整体具有艺术感,动作流畅、不断,过程中器具没有碰撞、跌落		
5	收具	收具整理符合要求	10	收具顺序错乱,视情况扣1—3分		
6	茶汤质量	茶汤品质发挥得当	10	①茶汤色、香、味不佳扣2—4分 ②奉茶量适宜,茶汤过量、过凉扣2—4分		
合　计			100			

姓名：　　　　　　　　　　　班级：　　　　　　测试内容：

考核日期：　　　　　　　　　　　　　　　　考核人：

任务二　识茶

任务布置

①了解青茶的产生与发展历程

②掌握青茶的制作工艺

③了解青茶的主要产区与类别

任务分析

一、青茶的产生与发展

青茶是中国六大茶类中独具鲜明特色的品类,俗称乌龙茶。青茶起源于福建,首先要追溯到距今1000多年的北苑茶。北苑茶是福建最早的贡茶,历史上介绍北苑茶产制和煮饮的著作就有十多种。

北苑主要指福建建瓯凤凰山周围的地区，这里在唐末已产茶。唐末建安张廷晖雇工在凤凰山开辟山地种茶，初为研膏茶，宋太宗太平兴国二年（977年）已产制龙凤茶，咸平元年（998年）以后改造小团茶，成为名扬天下的龙团凤饼。当时任过福建转运使、监督制造贡茶的蔡襄，特别称颂北苑茶，他在所著的《茶录》中谈道："茶味主于甘滑，惟北苑凤凰山连属诸焙所产者味佳。"北苑茶的采制工艺如皇甫冉的采茶诗里所说："布叶春风暖，盈筐白日斜。"想要采得一筐鲜叶，需要一天时间，叶子在筐里摇荡积压，到晚上才能开始蒸制，这种经过积压的原料无意中就发生了部分红变，芽叶经酶氧化的部分变成了紫色或褐色，究其实质已属于半发酵了，也就是具有青茶的特征。因此，说北苑茶是青茶的前身是有一定依据的。

武夷山茶则在北苑茶之后，于元朝、明朝、清朝获得贡茶地位。现在所说的青茶则是福建茶农仿照武夷山茶的制法，改进工艺后制作出来的一种茶，创制于清朝，《安溪县志》称，安溪人于清雍正三年（1725年）首先发明乌龙茶做法，之后传入闽北和台湾。另据史料考证，1862年福州即设有经营青茶的茶栈。1866年台湾青茶开始外销。而现在全国青茶最大产地当数福建安溪，安溪也于1995年被农业部授予"中国乌龙茶之乡"的称号。

茶 百 科

乌龙茶名字的由来

传说，清朝雍正年间，福建省安溪县西坪镇南岩村有一个退隐的将军，是个打猎能手，姓苏名龙。由于他长得黝黑健壮，乡亲们都喊他"乌龙"。一年春天，乌龙腰挂茶篓，身背乌枪上山采茶，采到中午，一只獐突然从身边溜过，乌龙举枪射击，负伤的獐拼命逃向山林中，乌龙紧追不舍，终于捕获了猎物。当乌龙把獐背到家时已是掌灯时分，他和全家人忙于宰杀、品尝野味，已将制茶的事全然忘记了。

翌日清晨，全家人才忙着炒制前一天采回的茶树鲜叶。没想到放置了一夜的鲜叶已镶上了红边，并散发出阵阵清香。茶叶制好后，滋味醇厚回甘，全无往日的苦涩之味。乌龙用心琢磨并反复试验，经过萎凋、摇青、半发酵、烘焙等工序，终于制出了品质优异的茶类新品——乌龙茶。

二、青茶的制作工艺

青茶制作工艺的前半部分类似红茶,鲜叶采摘后需经过晒青、萎凋、反复数次摇青,使得叶子部分发酵红变;其制作工艺的后半部分则与绿茶类似,需高温炒制、揉捻、干燥。青茶是介于绿茶与红茶之间的一种半发酵茶。

青茶的天然花果香气和特殊的味道,与其茶树品种、加工工艺、生态条件等有关。制作工序包括萎凋、做青、炒青、揉捻(或包揉)、干燥。其中,做青是制作青茶的重要工序,可以有效控制青叶的酶性氧化,而后通过炒青适时制止酶性氧化,促使青叶以非酶性氧化状态进入揉捻(或包揉)和干燥阶段。

（一）萎凋

青茶萎凋包括晒青和晾青两道工序。晒青是使鲜叶散失部分水分,为做青加速"走水"提供条件。晾青是在晒青或加温萎凋后降低叶温,避免叶片红变,同时使晒青叶萎软状态消失。

（二）做青

做青也叫摇青,是青茶制作的重要工序,也是最关键、操作最复杂的工序。这道工序的全过程由做青和静置(或晾青)交替进行。做青应遵循循序渐进的原则,前阶段应该轻摇勤摇,以促进水分散失为主,避免损伤叶子,特别是防止折伤,造成死青。待顺利"走水"后,做青的目的则以促进红变和萎凋为主,操作技术上要采取重摇、提高叶温和抑制水分蒸发等措施。

做青分手工和机动两种。

手工做青:待鲜叶摊凉后,将水筛搬到做青间,按顺序放在架上,静置一小时后开始做青。双手握水筛边缘,有节奏地旋转摇摆,叶子在筛上旋转,上下翻动,叶与叶、叶与筛面碰撞、摩擦,促进水分散失,碰伤叶缘组织,使之发生局部氧化。第一次做青后放置半个小时左右,进行第二次做青,这样反复进行 4—8 次,历时 6—12 小时。

茶叶经过做青后,由于叶缘细胞的粉碎,发生轻度氧化,叶片边缘呈现红色。叶片中央部分的颜色由暗绿变为黄绿,即所谓的"绿叶红镶边"。现在由于大部分茶叶选用机摇的方式(机器摇青如图 4-18 所示),茶叶"绿叶红镶边"的特征已经不是很明显了,少量采用手工做青制作而成的茶叶依然较好地保持了这个特征。

图 4-18　机器摇青

（三）炒青

炒青是承前启后的转折工序，原理与绿茶基本一致，其通过高温破坏酶的活性，防止青叶继续氧化，巩固做青阶段形成的茶叶品质。同时芳香物质显露，形成馥郁的茶香；部分叶绿素被破坏，叶片黄绿而亮。此外，炒青还可挥发部分水分，使叶片柔软，便于揉捻。

（四）揉捻（或包揉）

揉捻与包揉是不同的塑形工艺。条形青茶采用揉捻。通过揉捻，叶片揉破变轻，卷转成条，体积缩小，便于冲泡。部分茶汁挤溢附着在叶片表面，对提高茶味浓度也有重要作用。包揉是球形或半球形青茶的加工塑形工艺。

（五）干燥

青茶采用烘焙的方式干燥，可分为毛火和足火。一般揉捻和烘焙交替进行。其目的在于蒸发茶叶中的水分，缩小茶叶体积，固定外形，防止霉变，稳定青茶品质。

三、青茶的分类

我国青茶的品种很多，主要产于福建、广东、台湾三地，福建产量较多，品质也较好。福建青茶又分为闽北青茶和闽南青茶。

（一）闽北青茶

闽北青茶的主产区在福建武夷山一带，主要有武夷岩茶、闽北水仙等几个品种。

1. 武夷岩茶

武夷岩茶产自福建的武夷山,生长的地质条件极为特殊。武夷山地质属于典型的丹霞地貌,多悬崖绝壁,茶农利用岩凹、石隙、石缝,沿边砌筑石岸,构筑"盆栽式"茶园,种茶于山谷之间。谷底冬暖夏凉,雨量充沛,特别是土壤为酸性岩风化后形成,能孕育出岩茶独特的韵味。因茶树品种不同,武夷岩茶品质独特,它未经窨花,却有浓郁的鲜花香,饮时甘甜可口,回味无穷。

武夷岩茶有"十大名丛"之说,包括大红袍、铁罗汉、白鸡冠、水金龟、半天妖、白牡丹、金桂、金锁匙、北斗一号、白瑞香。

2. 闽北水仙

闽北水仙种植在武夷山、建瓯、建阳等地。闽北水仙对种植地的要求极高,它的叶片比普通小叶种茶树的叶片大 1 倍以上。

据《建阳县志》记载,清道光年间,瓯宁县禾义里大湖(今建阳小湖镇大湖村)茶农苏氏到邻村祝墩村岩叉山上砍柴,在山顶祝桃仙洞口发现一株茶树,并折枝插植,成活后以压条方式育苗,并以制乌龙茶的工艺进行采制加工,发现其茶香奇特,品质优于其他品种。因"祝"字近似当地方言"水","祝仙茶"就演化成了"水仙茶",一直沿用至今。

(二)闽南青茶

闽南青茶主产于福建南部安溪一带,最著名、品质最好的是铁观音和黄金桂。这两种青茶外形弯曲,呈蜻蜓头状,汤色金黄。铁观音有兰花香,黄金桂有桂花香。两种茶都耐冲泡,多次冲泡后仍有余香。闽南青茶的主要品种还有佛手、毛蟹、本山、奇兰、梅占等。

(三)广东青茶

广东青茶主产于粤东、粤北地区。产区包括粤东潮州市的潮安区、饶平县,揭阳市的揭东区、揭西县、普宁市、惠来县,汕头市的澄海区、潮南区、南澳县,汕尾市的海丰县、陆河县;粤北梅州市的丰顺县、蕉岭县、平远县、大埔县、兴宁市、五华县。粤西的廉江市也有青茶产出。主要产品有凤凰水仙茶、凤凰单丛茶、岭头单丛茶、石古坪乌龙茶、奇兰茶、金萱茶等,以潮安的凤凰单丛茶和饶平的岭头单丛茶最为著名。

(四)台湾青茶

台湾青茶产于中国台湾的台北、桃园、新竹、苗栗、宜兰等地,是台湾最早生产的茶类,依据做青发酵程度不同可分为轻发酵青茶、中发酵青茶和重发酵青茶三类。文山包种属轻发酵青茶,其品质特征是色泽青绿(似绿茶),冲泡后汤色黄绿,花香突出,叶底青绿,基本上看不出有红边。中发酵青茶主要有冻顶乌龙、木栅铁观音和竹山金萱等,其品质特征是有的呈半球形颗粒状,有的呈卷曲状,色泽青褐,汤色金黄,有花香和甜香,滋味浓醇,叶底多数黄绿,有少量红边。重发酵的青茶有白毫乌龙,其品质特点是色泽乌褐,嫩芽有白毫,汤色黄红如琥珀,有蜜糖香和果味香。

四、青茶的冲泡

青茶大多用小壶或者盖碗冲泡。小壶为深腹敛口的容器,保温性能好,加盖后聚香,茶叶香气不易散失。按照地区民俗,青茶的冲泡可以分为好几个流派。

(一)潮州工夫茶

在潮汕地区,家家户户都有工夫茶具,每天都要喝上几轮。即使侨居海外,潮州人也仍然保留着品工夫茶的风俗。2008 年,"潮州工夫茶艺"入选第二批国家级非物质文化遗产名录。

品潮州工夫茶一是强调热饮,因此杯小如胡桃;二是强调浓饮,因此用茶量大,水量少;三是强调澄饮,因此泡茶要去沫,饮茶前要除去汤底杂尘。潮州工夫茶因杯小、浓香、汤热,故饮后杯中仍有余香,这是一种比茶汤香更深沉、更浓烈的"香韵","嗅杯底香"即源于此。

潮州工夫茶以青茶为主要茶品,且有独特的"二十一道冲泡技法"。

(1)第一式:茶具准备。

传统的潮州工夫茶必须准备好"潮汕四宝":玉书煨、潮汕炉、孟臣罐、若琛瓯。如图 4-19 所示。

图 4-19 潮州工夫茶器具

玉书煨是福建、广东、台湾一带对陶制水壶的叫法,以广东潮安枫溪产的最为著名。这种水壶一般为扁形,能容水四两,有极好的耐冷热性能,水一烧开,在蒸汽的推动下,小壶盖会自动掀动,发出"噗、噗、噗"的响声,十分有趣。

潮汕炉一般为红泥烧制的小火炉,娇小玲珑,颇为别致,其以广东汕头产的最为著名,有"汕头之炉"之称。

孟臣罐指的是紫砂壶,以江苏宜兴出产的最为著名,大小如一个小西红柿,壶身以扁阔为好,便于茶叶舒展,且能留香。惠孟臣是明清时期的制壶名匠,擅制小壶,所以后人把精美的紫砂小壶称为孟臣罐。

若琛瓯指的是精细的白色瓷杯,一般仅能容纳 4 毫升左右的茶汤,质薄如纸,色洁如玉。

另外还要准备以下器具。

壶盘:用来盛放茶壶。其形状如鼓,瓷质,由一个作为"鼓面"的盘子和一个作为"鼓身"的圆罐构成。盘面上有几个小眼,泡茶之后从壶盖上溢出的水可自然流入壶盘内。

杯盘:用来盛放茶杯。

茶巾:用来清洁器具、操作台。

(2)第二式:茶师净手。

茶艺师在泡茶之前必须先净手,保持双手洁净无异味。

(3)第三式:泥炉生火。

泥炉里用炭烧开的水,正如烧柴火煮熟的米饭,有其独特的风味。

(4)第四式:砂铫煮水。

砂铫煮水最考验人的细致,因水壶不是透明状态,难以直接观察到茶汤是否沸腾。

有两种处理方法:一种是直接揭盖看是否沸腾;另一种是听声音,煮沸后,会发出密集的"噗、噗、噗"声,听到声音就知道茶汤沸腾了。砂铫煮水如图 4-20 所示。

(5)第五式:榄炭煮水。

正宗工夫茶选用橄榄核炭(如图 4-21 所示)煮水。橄榄核炭的优点是油脂含量高,结构中空。橄榄核炭燃烧力强,燃起后火焰呈蓝色,火匀而不紧不慢。无烟,清香,室中隐隐可闻"炭香",以之烧水,烧出的水有一种淡淡的香气,茶汤更添醇厚。

图 4-20　砂铫煮水

图 4-21　橄榄核炭

（6）第六式：开水热罐。

冲泡工夫茶前，先以沸水冲洗茶罐。

（7）第七式：温热茶盅。

冲泡前要温热茶盅，如图 4-22 所示。潮州工夫茶使用的茶盅通常为三只，寓意"品"，大家轮流喝，体现和衷共济、圆融一体的人文精神。

图 4-22　温热茶盅

(8)第八式:茗倾素纸。

以手掌大小的白方纸代替茶则,体现"如非必要,勿增实体"的"大道至简"精神,亦方便观察干茶条索、颜色,如图 4-23 所示。

图 4-23　茗倾素纸

(9)第九式:壶纳乌龙。

以茶壶为准,放占茶壶容量七成的茶叶。把粗一些的茶叶放在罐底和滴嘴处,再将细末放在中层,上层再覆茶叶,纳茶就完成了。之所以要这样做,是因为细末冲泡后味道是最浓的,多了茶味容易发苦,同时也容易滑入口中,影响口感。

(10)第十式:甘泉洗茶。

冲泡潮州工夫茶可用 100℃的沸水,以高冲水的手法进行冲水,茶在沸水的冲击下更能激发香味。沸水冲到刚漫过茶叶时,立即将罐中之水倒掉,称为洗茶。

(11)第十一式:提铫高冲。

冲水时,水柱从高处朝罐口边缘直冲而入,如图 4-24 所示。要一气呵成,不可断断续续。这样可使热力直冲罐的底部,促使茶叶散香。

图 4-24　提铫高冲

（12）第十二式：壶盖刮沫。

冲水时，水必须冲满整个罐，使茶汤中的白色泡沫浮出罐口，随即用大拇指和食指抓起罐钮，沿冲罐口水平方向刮去泡沫，如图 4-25 所示。

图 4-25　壶盖刮沫

（13）第十三式：淋盖追热。

用沸水淋遍茶罐外壁追热，保证茶罐有足够的温度，同时也能清除附在罐外的茶末。如果在寒冬冲泡乌龙茶，这一步骤更不可少，只有这样，方能使茶叶起香。

（14）第十四式：烫杯滚杯。

烫杯的目的在于提升杯温，有道是"汤沸茶香"，热杯能起香。

滚杯令杯缘互碰发出声音，犹如器乐鸣奏，悦耳动听。

烫杯滚杯如图 4-26 所示。

图 4-26　烫杯滚杯

（15）第十五式：低洒茶汤。

工夫茶斟茶时，茶罐应靠近茶盅，这叫低斟。这样，一来可以避免激起泡沫，二来可以防止茶汤散热过快，影响茶的香气和滋味。

（16）第十六式：关公巡城。

潮州工夫茶不用公道杯，执壶循回往复匀速出汤，是谓"巡"，目的在于让三只茶盅里的茶汤浓淡均匀、分量均等，如图 4-27 所示。

图 4-27　关公巡城

（17）第十七式：韩信点兵。

罐中茶汤倾毕，尚有余滴，得尽数一滴一滴依次滴尽，勿厚此薄彼。

（18）第十八式：敬请品茗。

倒茶完毕，宾主互相礼让，以客为尊，待所有宾客喝过一巡后才轮到主人喝，这是潮州工夫茶的待客之道。

（19）第十九式：先闻茶香。

品茶时，杯面迎鼻，香气齐集。不同的茶花香、果香迥异，香型多。品尝鉴赏它们，令茶客乐在其中。

（20）第二十式：和气细啜。

趁热执杯，杯缘接唇，啜饮而尽，芳香满溢，甘泽润喉。

（21）第二十一式：三嗅杯底。

饮茶完毕三嗅杯底，茶香挂壁，余韵绵长。

（二）台式冲泡法

台式冲泡法又称小壶双杯泡法，这种冲泡法是在传统工夫茶的基础上进行改良的。改良后的台湾工夫茶冲泡法更加细腻、丰富，更富有艺术情趣。

台湾工夫茶的冲泡增加了公道杯。茶艺师将冲泡好的茶汤先倒入公道杯中,使先后泡出的茶汤全部混合,茶汤浓淡均匀一致。另外,台式冲泡法特别注重青茶的香气特征,为了突出闻香这一程序,专门制作了一种与茶杯相配套的长筒形闻香杯。先将公道杯的茶汤一一倒入闻香杯中,随后用品茗杯做盖,倒置于闻香杯上,使得茶汤在杯中得以留存。品饮时,将品茗杯和闻香杯二者倒转位置,这时缓缓提起闻香杯,送至鼻端闻香。闻香时,常将闻香杯夹在两手间来回搓动,用手心热量使闻香杯中的茶香更好地挥发出来。双杯泡法也由此得名。大致流程如下。

(1)备具。

冲泡前应将各类茶具准备齐全。准备好茶盘、紫砂小壶、公道杯、品茗杯与闻香杯的组合、茶荷、品茗杯托、随手泡、茶道组合、茶叶罐、茶巾、茶漏。

(2)选茶。

台湾工夫茶艺选用的茶叶以圆结形青茶或球形青茶为主。如铁观音、黄金桂、毛蟹、本山、冻顶乌龙、梨山乌龙、金萱乌龙等均可用台式冲泡法进行冲泡。

(3)煮水。

冲泡时,水温应在95℃以上,方能尽显茶之内质。

(4)冲泡要领。

第一,温壶烫杯。用沸水烫温茶壶、公道杯、闻香杯等茶器,以清洁茶具并提高器温。

第二,洗茶。投茶后向壶内注入占壶容量一半的沸水,立即将水倒入公道杯中,茶叶在吸收一定水分后即会呈现舒展状态,这有利于提升茶汤的香气,增加茶汤的滋味。

第三,冲水。以高冲水的手法进行冲水,茶在沸水的冲击下更能激发香味。

第四,分茶。先将紫砂壶中的茶汤全部倾于公道杯中,使茶汤浓淡均匀。

第五,品茗。将公道杯中的茶汤倾入闻香杯,至七分满为止。再用品茗杯做盖,分别盖于闻香杯上,当茶汤在闻香杯中逗留15—30秒钟后,用大拇指压住品茗杯底,食指和中指夹闻香杯,向内倒转,使闻香杯中的茶汤流入品茗杯中。然后,将闻香杯缓慢转动、提起,再用双手搓动闻香杯,深深嗅闻,感受茶的清香。随后观察茶汤汤色,再品茶。

任务实施

对青茶的加工、分类及品质特点进行简单介绍。

任务评价

表 4-3　青茶知识讲解评价表

项目		评价内容	组内互评	小组评价	教师评价
知识	应知应会	青茶的加工、类别	优□良□差□	优□良□差□	优□良□差□
		青茶的分类、功效	优□良□差□	优□良□差□	优□良□差□
能力	收集、整理、表述	查找	优□良□差□	优□良□差□	优□良□差□
		分析	优□良□差□	优□良□差□	优□良□差□
		归纳	优□良□差□	优□良□差□	优□良□差□
		整理	优□良□差□	优□良□差□	优□良□差□
		表述	优□良□差□	优□良□差□	优□良□差□
态度		积极主动、热情礼貌	优□良□差□	优□良□差□	优□良□差□
		有问必答、耐心服务	优□良□差□	优□良□差□	优□良□差□
提升与建议				综合评价	优□良□差□

考核日期：　　　　　　　　　　考核人：

任务拓展

乌龙茶的其他妙用

1.熏香

乌龙茶在采摘及制作过程中会保留茶梗,茶梗相当于运输管道,专门运输可溶性糖、氨基酸等物质到叶肉细胞,茶梗自身也会带有这些营养物质,才能使得茶叶的香气、滋味、口感更上一层楼。

乌龙茶的"高香"美名得益于茶梗的保留,在茶叶加工过程中,有了茶梗的参与,乌龙茶的香气才如此浓郁。

茶梗除了拿来喝之外,还可以配合其他草药做成枕头,这样不仅充分利用了茶梗,还能帮助提高睡眠质量,有益于人体健康。质量上乘的茶梗香气会更浓一些,如果家有小电焙笼,可以将茶梗适当加以电焙,用来做熏香剂,驱除家里的杂味。

2.驱蚊

将喝剩的乌龙茶茶叶晒干,点燃后可以起到驱蚊的作用。

3.烹饪——乌龙茶炖牛腩

乌龙茶有去腻的功效,用乌龙茶的茶汁浸泡出来的肉细嫩爽滑,且茶香入骨。乌龙茶炖牛腩的用料:牛腩 600 克,乌龙茶 15 克,食糖 2 克,酱油 5 克,白胡椒粉 1 克,姜(拍碎)2 克,黄酒 5 克,葱 1 根,红辣椒丝适量,色拉油 10 克。

制法如下。

(1)将乌龙茶置于杯中,冲入热水 150 毫升,泡 5 分钟,滗取茶汁备用。

(2)洗净的牛腩放入锅中,加入所有调味料及茶汁,最后再加入清水,清水没过所有材料即可,放入冰箱腌 4 小时。

(3)从冰箱取出原锅,原封不动地置于火上,以文火煮 2 小时。

任务三　赏茶

任务布置

①掌握具有代表性的青茶品种

②能够辨认 5 款青茶

③能够正确推介名优青茶

任务分析

青茶花色品种多,一般以茶树品种或产地命名。

一、武夷岩茶中的极品——大红袍

武夷岩茶采制过程

(一)茶之源

很多人以为大红袍是红茶,这是很大的误解。红茶是全发酵茶,而大红袍属于半发酵茶,不能因为名字中含有"红"字就误解它是红茶,这就如同安吉白茶是绿茶而非白茶一样。

实际上,大红袍还是"青茶之祖",它是武夷岩茶的一种。武夷山有丹霞地貌,以岩石山为主,土壤为风化土,含有丰富的矿物质,山谷、山坳、山涧众多,因光照、湿度、植被环境各不相同,形成一个个相异的小气候,这使得武夷山有"岩岩有茶,风格各异"的特点。

大红袍既是茶树品种的名称,也是茶叶品类的名称。二者有联系,但茶树品种不等于茶叶品类。

大红袍最主要的品质特点是烘焙工艺带来的香气转变。火工轻一些的有花香、果香,重一些的有焦糖香。岩茶茶香极易溶于水,冲泡后的大红袍弥漫着独特的枞香和青苔味,韵味悠长。

(二)茶之饮

冲泡大红袍推荐采用工夫茶泡法。投茶量视茶壶(或盖碗)大小而定,一般为容器的 2/3,喜欢清淡的可以减少至容器的一半。

冲泡时茶水比控制在 1:20—1:30,要用 98℃以上的开水冲泡,特别是第一泡。若第一泡水温低了,不但会影响大红袍的浓度和香气,还会导致后面几泡很快就没味了。注水时应悬壶高冲,水略高于容器面,然后刮去壶(杯)表面的泡沫,盖好壶盖分杯,低斟可减少大红袍茶香飘散。

每一泡出汤可控制在 15 秒左右。优质大红袍冲泡 8 次以上余韵尚存,1—6 泡的汤色基本一致,而且越泡越甘甜、清澈。

(三)茶之赏

大红袍的干茶外形:茶条紧结,色泽深绿褐鲜润。

大红袍的茶汤颜色:橙黄明亮。

大红袍的叶底性状:软亮,叶缘朱红,中央淡绿带黄,绿叶红边。

大红袍的茶汤香气:根据烘焙度不同,有浓郁的焦糖香或清幽的兰花香,等级较高的有甜纯的果香。

大红袍的茶汤滋味:浓醇爽滑,回甘强烈,余味悠长。

大红袍的干茶如图 4-28 所示。

图 4-28　大红袍干茶

茶 百 科

国内外对大红袍的赞美声

"能摘天上月,难采山中宝。胶南玉观音,武夷大红袍。" ——佚名

"余游武夷,到曼亭峰、天游寺诸处。僧道争以茶献……先嗅其香,再试其味,徐徐咀嚼而体贴之,果然清芬扑鼻,舌有余甘……始觉龙井虽清,而味薄矣;阳羡虽佳,而韵逊矣。" ——[清]袁枚

"武夷黄山一片碧,采茶农妇如蝴蝶。岂惜辛勤慰远人,冬日增温夏解渴。" ——郭沫若

二、叫"肉"不是肉——武夷肉桂

（一）茶之源

武夷肉桂又名武夷玉桂,原为武夷名丛之一,是以肉桂品种茶树的鲜叶制作而成的青茶。成茶外形紧结,呈青褐色,茶汤香味似桂皮,因此得名。武夷肉桂的品质优异,性状稳定,是武夷岩茶的当家品种,被广为引种。武夷肉桂除了具有岩茶的滋味外,更以香气辛锐持久而备受茶客的喜爱,清代蒋衡在《茶歌》中对武夷肉桂的独特品质有很高的评价,指出其香极辛锐,具有强烈的刺激感。

（二）茶之饮

第一步:温杯摇香,投干茶,桂皮香明显。

第二步:开汤醒茶(环绕一圈拉高注水)。第一道先留着,稍后再品饮。

第三步:第二次冲泡,悬壶定点拉高注水,激活茶香,杯面香气扑鼻而来,汤感细腻,滋味饱满甘醇。

第四步:第三至第四泡,平冲注水,香气高扬清新,花果香明显,香气挂杯,口齿留香,茶韵很足。前四泡不需坐杯,快冲快出。

第五步:第五至第六泡,平冲注水,坐杯 5—10 秒后出汤,茶水生香,入口爽滑,回甘猛烈。

第七步:第七至第八泡,低冲回旋注水,坐杯 10—30 秒后出汤。

（三）茶之赏

武夷肉桂的干茶外形:肥壮紧结,重实,匀整,洁净。

武夷肉桂的茶汤颜色:清澈黄亮。

武夷肉桂的叶底性状:肥厚软亮,匀齐,红边明显。

武夷肉桂的茶汤香气:浓郁持久,似有乳香或蜜桃香或桂皮香。

武夷肉桂的茶汤滋味:醇厚鲜爽。

武夷肉桂的干茶如图 4-29 所示。

图 4-29　武夷肉桂干茶

茶 百 科

武夷山到底有哪些"肉"?

1."马肉"与"牛肉"

武夷岩茶里的"马肉"和"牛肉"并不是真的肉,而是武夷肉桂的不同品种。其中,"牛肉"是指在武夷山牛栏坑种植生产的一种肉桂茶,是牛栏坑肉桂的简称。"牛肉"被称为武夷肉桂的王者,有着非常独特的香气,它的霸道浓香俘获了众多茶客。"牛肉"为肉桂中的上乘之品。

"马肉"是指在武夷山马头岩种植生产的一种肉桂茶,是马头岩肉桂的简称。马头岩肉桂的香气较为张扬,表现出来的岩韵也是只增不减。它的干茶闻起来有股甜香味,待冲泡成茶汤后,它特有的似奶油、花果、桂皮般的香气显现得更加淋漓尽致。

"马肉"跟"牛肉"齐名,二者合称为武夷山"肉桂双雄"。

2."心头肉""猪肉"

"心头肉""猪肉"和"马肉""牛肉"类似,都是武夷肉桂的不同品种。

其中,"心头肉"是指产在武夷山天心岩寺庙周围的肉桂茶,而"猪肉"

是产自武夷山竹窠茶园的肉桂茶,"猪肉"也被称为"竹肉"。

除此之外,还有产自虎啸岩的武夷肉桂被称为"虎肉";产自水帘洞山场一带的被称为"狮肉";产自三仰峰山场一带的被称为"羊肉";产自猫耳石山场一带的被称为"猫肉";产自鹰嘴岩一带的被称为"鹰肉";产自象鼻岩一带的被称为"象肉"……

三、茶叶中的香水——凤凰单丛

(一)茶之源

广东潮州凤凰山是凤凰单丛的原产地,凤凰单丛茶树是凤凰水仙种的优异单株。之所以叫"单丛",是因为其单株采摘、单株制作。如今需求量加大,虽然当地早已改为成片采茶、集中制作,但"单丛"的名字被保留了下来。

凤凰单丛采制过程

凤凰单丛的香型多到令人眼花缭乱,目前已有的名称就有百余种。这些香型既用来形容香气,又是茶叶的名称,同时还是对应茶树的名称,如蜜兰香、杏仁香、黄枝香、姜花香,这是当地人在长期制茶过程中,不断区分特殊的香气,将树种区分开来而形成的。

凤凰单丛十大经典香型如图 4-30 所示。

玉兰香	黄枝香
姜花香	芝兰香
茉莉香	蜜兰香
肉桂香	桂花香
杏花香	夜来香

图 4-30 凤凰单丛十大经典香型

茶 百 科

花香果香,不如"鸭屎香"

2021年10月,某茶饮品牌推出"鸭屎香宝藏茶"及系列产品,引爆全国后,众多茶饮品牌跟风推出"鸭屎香"饮品,一时间,"鸭屎香"成为茶饮行业的热门词。

其实"鸭屎香"属于凤凰单丛中的杏仁香型茶,产自广东潮汕地区,属于凤凰单丛中香气最浓的品种,在青茶业界早有名气。传说其因种植在一种名为"鸭屎土"的黄壤上而得名。"鸭屎香"生长在海拔1000米高的潮州凤凰山,常年云雾缭绕的山巅,水汽包裹着每一片茶芽。独特的地理环境,造就了"鸭屎香"香气浓郁饱满、层次丰富的独特品质,因此也被誉为"茶中香水"。

(二)茶之饮

凤凰单丛冲泡时,新手会感到有一定的难度,手法上也需要格外注意,如果冲泡不得法,容易香气不显、茶汤苦涩。这里主要介绍一下盖碗冲泡法。

凤凰单丛的投茶量一般应控制在盖碗的六至七分满,水沸后冲烫盖碗等茶具,然后投茶,冲水洗茶、润茶激发茶香。洗茶最好用盖碗盖滚动洗,使茶转圈,然后快速倒出。接着正式冲泡,水量随茶叶量而定,刚刚没过茶面即可。

凤凰单丛茶出汤每次需要10—15秒,可冲泡10次甚至更多。很重要的一点就是水必须保持沸腾。

每次冲泡后出汤要沥干,不要留茶汤。公道杯里不要留有余茶,不可和下一泡相混。

(三)茶之赏

凤凰单丛的干茶外形:茶条粗壮,匀整挺直。

凤凰单丛的茶汤颜色:清澈黄亮。

凤凰单丛的叶底性状:叶底边缘朱红,叶腹黄亮。

凤凰单丛的茶汤香气:香气丰富多变,根据品种不同,会带有天然花香、蜜香等,烘焙稍重的会有焦香。

凤凰单丛的茶汤滋味:滋味醇爽回甘,口感韵味悠长。

凤凰单丛的干茶如图4-31所示。

图 4-31　凤凰单丛干茶

四、冻顶贵妃茶——冻顶乌龙

（一）茶之源

冻顶乌龙属于花果清香型茶，是我国台湾包种茶的一种。所谓"包种茶"，是指此种茶叶在旧时用两张方形毛边纸盛放，内外相衬，内有茶叶4两，包成长方形四方包，包外盖有茶行的唛头，然后论包出售。冻顶乌龙产自台湾鹿谷乡一带，茶区海拔600—1000米，终年云雾缭绕。相传山路陡滑，茶农上山采茶必须好似被"冻"起来一样绷紧脚尖，避免滑下去，才能到山顶，故称茶山为"冻顶山"。山高林密，土质好，茶树生长茂盛。冻顶乌龙品质佳，但产量有限，是台湾特有的名茶。

冻顶乌龙主要是以青心乌龙为原料制成的半发酵茶，发酵程度在35%—50%。其外观呈半球形弯曲状，色泽墨绿，有天然的清香。经沸水冲泡，茶叶自然冲顶壶盖，汤色橙黄（或金黄、琥珀色），味醇厚甘润，发散花香或熟果香，喉韵回甘味十足，带明显焙火韵味，饮后杯底不留残渣。

（二）茶之饮

冲泡冻顶乌龙宜用紫砂壶，通常使用工夫茶泡法。在家泡茶时可简化流程。

（1）首先用沸水把茶具淋洗一遍，泡饮过程中还要不断淋洗，使茶具始终保持热度。

（2）冻顶乌龙为紧结半球形的茶，投茶时将其铺满壶底即可。

（3）水沸后先洗茶，沿着壶边缓慢冲水，使茶叶打滚，当水漫过茶叶时，立即倒掉。

（4）再次冲水至八分满，加盖，用沸水淋壶身，约45秒后，茶味即被浸泡出来。第一泡一般45秒左右出汤，第二泡60秒左右出汤，之后保持匀速平

稳出汤即可。

冻顶乌龙系高山茶,非常耐泡,有"七泡有余香"的说法。

(三)茶之赏

冻顶乌龙的干茶外形:半球形弯曲状,色泽墨绿,有光泽。

冻顶乌龙的茶汤颜色:橙黄明亮。

冻顶乌龙的叶底性状:中央呈淡绿,有红边。

冻顶乌龙的茶汤香气:有花果香。

冻顶乌龙的茶汤滋味:浓厚甘醇,口感丰富。

冻顶乌龙的干茶如图 4-32 所示。

图 4-32　冻顶乌龙干茶

五、被虫子咬出来的好茶——东方美人

(一)茶之源

东方美人因其茶芽白毫显著,又名"白毫乌龙茶",其发酵度在 60％以上,是半发酵青茶中发酵程度最深的茶。东方美人产自我国台湾,主产地在新竹、苗栗一带。东方美人最特别的地方在于,茶的鲜叶必须被一种叫"小绿叶蝉"的昆虫叮咬,茶叶被咬后会产生一些特殊物质让小绿叶蝉不再吸食,本是一种自保的行为,却产生了独特的果香蜜味。

(二)茶之饮

东方美人推荐采用工夫茶泡法,可以用瓷壶或白色盖碗冲泡。因其发酵度高,内含物容易浸出,水温不宜过高,95℃左右为宜,浸泡 30—45 秒后倒出。使用白色盖碗,可以欣赏茶叶在水中的曼妙姿态及琥珀色茶汤。还可以使用冷泡法:将4—5克茶叶用500毫升常温水浸泡,冷藏6—8小时后饮用。

东方美人有多种花式喝法。加入一两滴白兰地,味道会近似香槟;加入鲜奶,味道近似蜂蜜奶茶;加入水果酒,可调制成鸡尾酒。

(三)茶之赏

东方美人的干茶外形:叶身白、绿、黄、红、褐五色相间,又称"五色茶"。

东方美人的茶汤颜色:呈较深的琥珀色。

东方美人的叶底性状:肥厚明亮。

东方美人的茶汤香气:带有熟果香和蜂蜜的芬芳。

东方美人的茶汤滋味:浓厚甘醇。

东方美人的干茶如图4-33所示。

图4-33 东方美人干茶

六、一款被遗忘的茶中贵族——漳平水仙

(一)茶之源

漳平水仙有水仙茶饼和水仙散茶两种产品,其是福建省龙岩市漳平市的特产,是中国地理标志产品。较为流行的漳平水仙茶饼,原产于漳平市双洋镇中村村,后发展到漳平市各地。漳平水仙茶饼,又名"纸包茶",系以水仙茶树鲜叶为原料,经特定工艺制成。漳平水仙茶饼填补了青茶类紧压茶的空白,较耐存放,畅销闽西各地及广东一带,亦远销国外。

漳平水仙茶饼制作工艺独特,加工工艺流程为:采摘鲜叶、晒青、晾青、做青(摇青与晾青交替)、杀青、揉捻、造形(含塑形与定形)、烘焙。主要特点是晒青较多,做青方法结合了闽北乌龙茶与闽南乌龙茶做青技术特点,做青前期使用水筛摇青,做青后期使用摇青机摇青,前后各两次。摇青掌握轻摇多次原则,做青前期轻摇,做青后期适当重摇。晾青掌握薄摊多晾原则。经炒青、揉捻后,采用木模压制塑形,用滤纸定形,最后进行精细的烘焙笼炭焙,形成外形独特、品质优异、风格珍奇的唯一一款青茶类紧压茶。

漳平水仙茶饼的压制模具如图 4-34 所示。

图 4-34 漳平水仙茶饼的压制模具

漳平水仙于 1995 年荣获第二届中国农业博览会金奖,多次获得福建省名优茶鉴评会名优茶奖。

(二)茶之饮

冲泡漳平水仙茶饼可选用大一点的盖碗,不需要将茶饼掰开,将其直接投入茶碗即可。须用沸水冲泡。第一泡,定点中心缓慢注水,15 秒后立即弃水,此为润茶;第二泡,沿边高冲,如果茶块散开,就快冲快出,如果茶块未散开,可等待 15 秒出汤;第三泡,茶叶完全舒展,此时应缩短冲泡时间,即冲即出;四泡以后,可以适当增加坐杯时间。

品饮之前,先嗅"漳平水仙"的幽兰之香、桂花之气。一闻是否有杂香,二闻香型,三闻余香。后尝其味,边啜边嗅,浅斟细饮。

(三)茶之赏

漳平水仙的干茶外形:见方扁平,色泽青褐间蜜黄或乌褐间金黄。

漳平水仙的茶汤颜色:金黄或橙黄,明亮。

漳平水仙的叶底性状:完整、黄嫩、匀亮,红边鲜明。

漳平水仙的茶汤香气:清幽似兰香或桂花香,馥郁持久。

漳平水仙的茶汤滋味:醇厚细润而有回甘。

漳平水仙茶饼的干茶如图 4-35 所示。

图 4-35　漳平水仙茶饼的干茶

任 务 实 施

茶样识别

1.备器

表 4-4　需准备的器具

器具类别	名称	规格	数量
审评器具	茶盘	白色木质 30cm×30cm	5
	茶样	青茶茶样	5

2.识茶

在规定时间内,辨认出陈列的 5 种青茶品种及产地等,能够简单描述其品质特征。

任 务 评 价

表 4-5　青茶识别评分表

项目	要求和评分标准	分值	组内评分	教师评分	最终得分
茶样辨识 （40分）	规范摆放及整理茶样与茶盘	10			
	观察干茶外形,准确说出 5 种青茶的名字及产地	30			

项目	要求和评分标准	分值	组内评分	教师评分	最终得分
描述特点 （30分）	说出指定青茶的干茶外形特点	20			
	说出指定青茶冲泡后的滋味特点	20			
推介茶品 （30分）	结合产地与品质特点，介绍一款自己喜欢的青茶	15			
	简述这款青茶的加工工艺	15			
合计		100			

任务四　事茶

任务布置

①了解调饮茶的起源与发展
②了解国内调饮茶消费市场的特点
③掌握调饮茶的基本制作方法，并能制作简单的调饮茶

任务分析

青茶与绿茶、红茶一起，常常被用于调饮茶中。大街小巷的茶饮店常使用青茶作为原料。下面就让我们一起来了解更多关于调饮茶的知识。

一、调饮茶的起源和发展

中国是世界上最早发现、栽培和利用茶叶的国家，饮茶历史源远流长，调饮茶与茶艺、茶道相伴而生，历史也极为悠久。但是在不同的时期，"调饮茶"这一专有名称包含的内容和表现形式并不相同，其内涵也相差甚远。

在三国时期，随着团茶、面茶、茶粥等的广泛传播，饮茶成为文人雅士、寺院僧侣和皇室贵族所推崇的风雅之事，饮茶的方式和流程也因此得到发展，调饮茶成为其中一个分支。当时的主流调饮法是在茶汤中加入各种配料，如将姜、椒、桂等和茶叶共烹，这是最早的调饮茶。《茶经》中已有关于调饮法的记载："荆巴间采叶作饼，叶老者，饼成，以米膏出之。欲煮茗饮，先炙令赤色，捣末，置瓷器中，以汤浇覆之，用葱、姜、橘子芼之。其饮醒酒，令人不眠。"唐宋时期，调饮法逐渐开始盛行，茶的伴饮作料也日益丰富，大致分为三类：辛辣型、花香型和食物型。辛辣型作料大多为有强烈辛辣味的药性植物，如葱、姜、花椒、薄荷等，并随地域和民族的不同而具有一定的差异。例如，宋代文人苏辙的《和子瞻煎茶》中记载："君不见，闽中茶品天下高，倾身事茶不知劳。又不见，北方俚人茗饮无不有，盐酪椒姜夸满口。"大意为北方烹水煮茶时，一般都加入盐、奶酪、花椒、生姜等作料，并认为其味尤佳。花香型作料主要为各种植物的花朵，其可增加茶的香味。食物型作料的种类则较为繁杂，较为常见的是核桃、松子、芝麻等。这种调饮方法沿用至元代，如书画家倪瓒在无锡惠山居住时，以惠山清泉煮茶，并将核桃、松子取仁捣碎，和入绿豆粉，加水混合为块状物，置于茶中，与茶煮饮，即"清泉白石茶"。明清时期，清饮成为饮茶的主流方式，而调饮则主要围绕花茶展开。另外，因区域特色和民族茶俗不同，还产生了各式调饮茶，如酥油茶。

在当代，我国调饮茶主要以新式茶饮和工业化瓶装茶饮料的形式不断发展。

20世纪90年代，瓶装茶饮料冰红茶、冰绿茶风靡全国，我国瓶装茶饮料的生产开始迈上新台阶。进入21世纪以来，中国瓶装茶饮料消费市场的发展速度惊人，几乎以每年30%的速度增长。此外，茶饮料的原料和工艺也逐渐升级。2010年之前，速溶茶、茶浓缩汁等产品广泛地应用于工业化瓶装茶饮料、杯装冲泡调饮茶和新式茶饮等调饮茶的制作。2010年之后，传统制茶工艺和技术不断取得改进与创新，基于"现泡""原叶""直接萃取"等概念生产的瓶装茶饮料日益盛行。与此同时，基于上述工艺和消费者需求的变化，新式茶饮也不断创新。品牌和种类层出不穷，新式茶饮店数量高速增长。与传统奶茶店不同，新式茶饮店的原料选用天然的现泡茶和新鲜牛奶等，产品趋于健康化、高端化。

二、国内调饮茶消费市场现状

目前中国调饮茶市场主要包括三大类产品，即工业化瓶装茶饮料、杯装冲泡调饮茶和新式茶饮。新式茶饮近几年发展迅猛，产品品质也在不断升级，赋予了传统调饮茶更多的时代意义。

新式茶饮是指以用不同的萃取方式提取的茶叶浓缩液为原料，加入牛奶、奶油或者水果等调制而成的饮料。1997年，我国台湾珍珠奶茶连锁企业快可立在大陆发展直营店，率先将粉末冲调奶茶以连锁奶茶店的营销方式

引入大陆,以小窗口形式对外售卖。快可立的珍珠奶茶凭借新颖的口味、低廉的价格、鲜艳的色泽等特点,成为许多消费者尤其是年轻消费者的日常饮品。21世纪初,以门店方式经营的新式茶饮进入大规模发展阶段,复合型奶茶外卖店日益盛行,种类更多,各种花果茶、花草茶逐渐兴起,茶饮的外观设计也更加时尚。

2010年以来,以门店方式经营的新式茶饮发展趋于理性。为满足消费者的健康需求,新式茶饮市场逐渐出现以天然茶末为基底的茶饮料。消费者可以选择红茶、绿茶、青茶等茶底,加入鲜牛奶、新鲜水果等辅料制成新茶饮。2015年,各新式茶饮的门店针对用户消费体验、产品原料、门店空间变化、品牌塑造等进行了较大变动,例如用上等茶叶代替原来的碎茶,用鲜牛奶代替奶粉,突出茶的保健功能;为了最大限度地保留茶叶中的营养成分,制作工艺上追求冷泡、真空高压萃取等方式。

三、调饮茶的分类

根据辅料的不同,现代的调饮茶分为六大类,即茶与酒调饮、茶与花调饮、茶与水果调饮、茶与奶调饮、茶与植物调饮、茶与茶调饮。

(一)茶与酒调饮

该类调饮以适当比例的茶、酒为主要原料配制而成。该类茶饮调制方法有调和法、摇和法、兑和法、搅和法,集实用、简便、娱乐、观赏性于一体。制成品将茶与酒充分融合,茶味酒味皆有,口感丰富,层次感强。

(二)茶与花调饮

该类调饮以茶和花为主要原料配制而成,辅料一般有桂花、菊花、梅花、玫瑰花、金银花、玉兰花等。该类饮品不仅具有茶的清香,还兼具浓郁花果香及一定的保健功能。例如,以玫瑰花和红茶为主要原料的玫瑰花茶,可以养颜护肤,延缓皮肤衰老,尤其受到女性朋友的喜爱。

(三)茶与水果调饮

该类调饮以茶和水果为主要原料配制而成,即在冲泡茶叶时,加入各种水果或果汁混合成水果茶,使茶汤融合水果的鲜艳色彩、清香味道、酸甜口感。此类调饮深受人们喜爱。在选择辅料时,应针对不同类型茶叶的特点来增加合适的水果。一般而言,红茶的口感较为柔和,几乎可以与任何水果搭配;白茶适合搭配的水果种类也相对丰富,草莓、哈密瓜、蓝莓、菠萝等均可;而绿茶则适合与较为清新的水果搭配。柠檬鸭屎香茶制作方法如表 4-6 所示,石榴鲜果茶制作方法如表 4-7 所示。

表 4-6　柠檬鸭屎香茶制作方法

作品名称	柠檬鸭屎香茶
茶品及调饮原料	茶品:凤凰单丛(鸭屎香)200 毫升,糖浆 30 毫升 辅料:香水柠檬 5 片,冰块少许
器具配置	公道杯、量杯、透明玻璃壶(或大玻璃杯)、雪克杯、捣棒等
制作方法	(1)把柠檬片、冰块放入雪克杯中,用力捣碎出汁 (2)加入糖浆及冷却的茶汤 (3)将混合汁液摇匀

表 4-7　石榴鲜果茶制作方法

作品名称	石榴鲜果茶
茶品及调饮原料	茶品:绿茶汤 200 毫升,石榴汁 30 毫升,糖浆 30 克 辅料:柠檬 3 片,西瓜 3 片,草莓 1 个,水蜜桃肉 3 片,冰块少许
器具配置	公道杯、量杯、透明玻璃壶(或大玻璃杯)、雪克杯、捣棒等
制作方法	(1)将几种水果放入玻璃壶中备用 (2)把绿茶汤、糖浆、冰块放入雪克杯中 (3)在雪克杯中加入石榴汁,用捣棒搅拌均匀 (4)将雪克杯中的茶果汁投入装有水果的玻璃壶中

(四)茶与奶调饮

该类调饮以茶和奶粉或新鲜牛奶为主要原料配制而成,是当代流行调饮茶的主要种类之一。随着消费观念的不断变化,现有的奶茶调配更加注重品质,在原料选取上也更加注重健康:大多采用上等的茶叶,配以新鲜的牛奶或动物奶油,以全方位提升奶茶的口感。茶与奶的调饮不仅含有茶中的茶多酚、氨基酸、咖啡因等物质,还含有牛奶中的蛋白质、脂肪、维生素及钙、铁等元素,具有较高的营养价值,受到广大消费者的喜爱。

桂花奶茶制作方法如表 4-8 所示。

表 4-8　桂花奶茶制作方法

作品名称	桂花奶茶
茶品及调饮原料	茶品:凤庆滇红茶 6 克 辅料:桂花 0.5 克,冰糖 3.5 克,鲜奶 40 毫升

续表

作品名称	桂花奶茶
器具配置	白瓷茶具、茶壶、公道杯等
制作方法	(1)水烧开后先温壶 (2)将冰糖(碎)投入公道杯,将桂花放入茶滤里 (3)将红茶投入壶内,浸润冲泡15秒左右,其间用温水冲洗品茗杯 (4)茶水出汤,经茶滤注入公道杯,加入鲜奶,搅拌均匀 (5)用公道杯分茶,倒入品茗杯 (6)在品茗杯中撒入少量桂花点缀即可
特色	红茶的包容性强,与鲜奶、桂花相得益彰,清甜的冰糖为之再添一笔,浓中有淡,浓烈而不腻,香气、滋味令人欲罢不能

（五）茶与植物调饮

该类调饮以茶和植物为主要原料配制而成,是具有一定药用功能的保健茶饮。常添加的植物有枸杞、玉米须、蒲公英、燕麦、甘草根等。

（六）茶与茶调饮

茶与茶的调饮是指将两种及两种以上不同种类的茶按一定比例混合而成的调配茶,该类饮品能够更好地保持茶叶的风味与品质的稳定。例如,茉莉花茶与龙井茶按照1∶1的比例沏水饮用,茶汤不仅具有花茶的浓郁芬芳,还融合了龙井茶特有的清香。

"双茶"饮品制作方法如表4-9所示。

表4-9　"双茶"饮品制作方法

作品名称	"双茶"饮品
茶品及调饮原料	茶品:茉莉红茶5克,乌龙茶3克,红石榴糖浆10毫升 辅料:新鲜柠檬2片,薄荷2叶,冰块少许
器具配置	盖碗、公道杯、雪克杯、捣棒、长柄咖啡匙、玻璃杯等
制作方法	(1)将5克茉莉红茶和3克乌龙茶混合,沸水冲泡2分钟后出汤,置于冰块中冷却 (2)将2片柠檬捣碎,加入10毫升红石榴糖浆,一同放入雪克杯 (3)雪克杯中加入冰块至杯2/3的容量,加入冷却后的茶汤,摇晃均匀 (4)酒杯中加入少许冰块 (5)将摇匀的饮品倒入玻璃杯中 (6)上铺薄荷叶点缀

续表

作品名称	"双茶"饮品
特色	茉莉红茶外形秀美,毫峰显露,香气浓郁,鲜灵持久,泡饮鲜醇爽口。乌龙茶的茶汤呈橙红色,色泽如红茶,但口感仍然保持着乌龙茶醇厚干爽的滋味。此饮品完美融合了茉莉红茶的香气和乌龙茶的口感

随着经济的快速发展和人们生活水平的提高,人们对于调饮茶的要求也日益提升,调饮茶的种类日益丰富,口感、外观等也不断提升,这促进了该产业的迅速发展,更多的消费者开始接受、喜爱并习惯调饮茶带来的丰富口感和独具内涵的品饮文化。

调查显示,在众多类型的调饮茶中,消费者依然偏好茶与奶调制成的奶茶,其次是茶与花调制成的花茶,再次是茶与水果调制成的果茶。如图4-36所示。

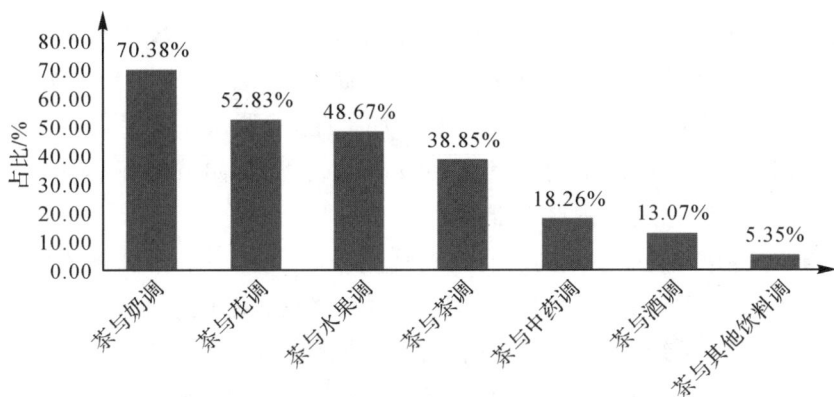

图 4-36　消费者对不同口味调饮茶的喜好占比

(数据来源:张士康、陈嶸芳《调饮茶理论与实践》,中国轻工业出版社 2021 年版)

茶 思 政

茶文化的创新

坚持守正创新是党的二十大报告强调的"六个必须坚持"之一。习近平总书记在 2023 年 6 月 2 日出席文化传承发展座谈会时强调,要秉持开放包容,坚持马克思主义中国化时代化,传承发展中华优秀传统文化,促进外来文化本土化,不断培育和创造新时代中国特色社会主义文化。

坚定坚守茶文化,就要坚持创新茶文化。中国茶和茶文化的发展史就是一部传承创新的演变史。从食药同源到以茶为饮,从团茶、散茶到形态各异的多品类茶,从喝茶到"六茶共舞"、三产交融,从穿越历史到跨越国界,这些转变共同谱写了中国茶和茶文化传承创新的和谐乐章。

四、配制调饮茶的基本原则

配制高品质的调饮茶应遵循协调性、特色性、简约性、科学性、健康性、美观性的原则,满足消费者各个层面的需求。

（一）协调性

配制调饮茶时应根据茶叶品种的不同,搭配不同的辅料,并配合相应的器具,从而达到味道、颜色、香气、意境等多方面的和谐统一。例如,红茶是全发酵茶,是六大茶类中适用性最广和包容性最强的茶类,味道醇和,可搭配的辅料极为丰富,是世界范围内最受欢迎的饮品之一。较为常见的是在红茶茶汤中加入糖、牛奶、柠檬片、玫瑰花、咖啡等。其中,红茶与牛奶、糖调饮,其香气更加馥郁,口感也越发香醇柔和。此外,调饮茶成品与茶具的搭配也应相得益彰。调饮茶的器具多为玻璃制或瓷制,如玻璃杯、盖碗等,应根据调饮茶的颜色选择适宜的器具。

与红茶相比,其他茶类则各有其独特风味,应针对其特点搭配不同的配料。例如,绿茶滋味清爽、鲜感强,若与柠檬、蜂蜜、茉莉花、金银花、槐花等搭配,不仅可减少绿茶的苦涩感,而且营养和健康功效更为突出。对于普洱茶而言,则适合搭配玫瑰花、茉莉、贡菊、桂花、薰衣草等,既可以增加茶的香气,又能淡化普洱茶的陈味,并且兼有养颜美容的功效。

（二）特色性

世界各国的饮茶习惯不同,历史、文化、经济和人文背景不同,其饮茶风俗也各具特色。配制调饮茶应在尊重国情和民俗的基础上,研究和开发产品配方和工艺。例如,乌克兰人偏爱甜茶,喜欢在茶里添加糖、果酱或蜂蜜等,并以此为基底添加朗姆酒等,调配类似于鸡尾酒的调饮茶;奥地利人则喜欢浪漫,花果茶极为流行,如薄荷茶、野莓果宝茶、奥地利风味红茶等。因此,调配调饮茶应针对不同国家消费者的喜好,因地制宜地调配具有民俗特色的调饮茶。

就中国而言,随着调饮茶近几十年来的发展,产品辅料在原来的奶、水果等基础上增加芝士、奶油等新鲜元素,为消费者提供独特的饮用体验。不仅如此,调饮茶的包装器皿和空间布置也进一步升级,满足消费者个性化的需求。

（三）简约性

调配调饮茶忌基本调品或辅料过多,或者多种重口味基底一同调配,一方面是为了保持产品稳定的性状,避免口感过于复杂,并在一定程度上保证利润率;另一方面是由于消费者消费观念的升级以及对健康生活理念的追求,调饮茶产品的配料无须复杂多样,只要风味良好、健康营养即可。当前以"低糖、零脂、轻体"为标签的新式调饮茶摆脱了传统配料的复杂堆砌,仅通过牛奶、新鲜水果、芝士奶盖等简单配料,加上优质的原叶茶基底,调配出纯正的口味,赢得了广大消费者青睐,产业步入黄金发展期。

（四）科学性

调配调饮茶应根据不同的季节、不同类型的消费者科学地进行调整和搭配。例如,在炎热的夏季,适宜调配薄荷柠檬绿茶,以清新绿茶为基底,搭配薄荷香气与柠檬的酸爽,为消费者带来一丝清凉;而在寒冷的冬季,一杯热气腾腾的蜂蜜柚子红茶则更能给人带来温暖舒适的感觉。针对不同体质的消费者,调饮茶的配方也应进行科学调整。例如,阳虚体质的消费者,应忌食寒凉的饮品,推荐饮用以焙火程度比较高的乌龙茶或发酵后的红茶为基底的调饮茶,如生姜红茶、桂圆红枣茶等。如果辅料的口味偏重,则不适宜采用味道清淡的茶为基底。例如,杞菊延年茶一般可采用龙井茶、开化龙顶茶等冲泡,不宜采用白茶等滋味较清淡的茶,以免茶味单薄,使辅料喧宾夺主。另外,由于茶含有许多微量元素和活性物质,搭配辅料也应遵循一定的科学性,避免各成分之间互相冲突、产生负面效应。例如,红茶不宜与红糖搭配。因为,红糖与红茶混合后,会抑制红茶的清热功效,起不到应有的保健效果。

调饮茶的制备过程和工艺同样应遵循科学性的原则,冷萃、冷泡或热泡工艺的选择,时间、温度的确定以及辅料添加的比例、先后顺序等都应考虑到,在最大限度利用有效物质的同时,确保调饮茶的外观、口感满足消费者的需求。

（五）健康性

调饮茶以茶为基底,而茶的健康功效已被世人所熟知,如绿茶中含有茶多酚、氨基酸和咖啡因,以及多种微量元素,具有美容养颜、延缓衰老和抗皱

祛斑等功效。调饮茶将茶叶和与其相适宜的辅料进行科学搭配,达到健康功效的协同。例如,《食品科学》杂志刊登的某大学的研究发现,在有机绿茶中加入一些富含维生素C的柑橘类食物,能提高人体对儿茶素的吸收效率,尤其以加入柠檬的效果最为显著。柠檬中的维生素C能使人体对儿茶素的吸收率提高13倍,同时能使茶多酚类化合物的保健功效大大提高。此外,品种多样的调饮茶还具有多种健康功效。例如,由白菊花与乌龙茶合制而成的菊花乌龙茶是用电脑办公一族常备的调饮茶,因为茶中的白菊花具有清热解毒的功效。

（六）美观性

在物质条件逐渐丰裕的当代社会,人们更加注重精神需求,品饮已成为人们不可或缺的生活内容。调饮茶产品不仅要满足人们的口味需求,还要注重其优美外观和饮用环境的设计,体现不同时代的艺术风格特征和审美情趣,满足人们的审美需求或更高层次的精神追求。例如,新式茶饮店与传统茶馆的装修风格完全不同,更加时尚、有个性。

任务实施

市场调查

制定调饮茶的市场调查表（如表4-10、表4-11和表4-12所示）,了解三类调饮茶的消费现状。

表4-10　我国主要工业化瓶装茶饮料品牌及口味简介

企业	产品	上市年份	价格	口味
康师傅	康师傅冰红茶	……		

表4-11　杯装冲泡调饮茶行业市场现状分析

品牌	香飘飘	……		
公司名称	香飘飘食品有限公司			
广告语				
营销手段				

续表

品牌	香飘飘	……		
优势				
劣势				

表 4-12　新式茶饮行业市场现状分析

品牌	喜茶	……		
公司名称				
代表茶品及价格				
营销手段				
优势				
劣势				

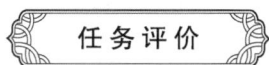

任 务 评 价

表 4-13　调查汇报评价表

考核内容	评价要求	分值	组间评分	教师评分	最终得分
PPT 制作	画面简洁、清晰、醒目	10			
	展示内容与演讲内容一致	10			
演讲内容	内容丰富、全面	15			
	逻辑清晰,条理清楚	10			
	结构完成,重点突出	15			
	有一定的自主思考和分析	10			
语言表达	流畅、连贯	10			
	表达简洁,用词得当	10			
整体印象	仪态端庄,行为得体	10			
总分		100			

考核日期:　　　　　　考核人:

任务实施

设计并制作一款调饮茶

以小组为单位，设计一款调饮茶，符合健康、合理、美观、卫生的要求。并完成设计文案。

表 4-14　调饮作品设计文案

班级：　　　　　　　　　　　　姓名：

主题（作品名称）	
茶品及调饮原料	
器具配置	
制作过程	
特色	

五款调饮茶

任务评价

表 4-15　调饮茶评分表

班级：　　　　　　　　　　　　姓名：

项目	分值	要求与评分标准	得分
创新	20	主题立意新颖，有原创性，包括调饮的命名、含义、配方和用具，以及茶席的布置	
调饮质量	40	色香味俱佳，不能掩盖茶味	
配方	20	健康、科学合理	
操作规范	10	操作程序契合茶理，调饮手法娴熟自然	
茶席设计	5	调饮器具选配合理，茶席设计充分展现调饮特点	
时间控制	5	15分钟内完成	
总分			

考核日期：　　　　　　　　　　考核人：

这天,茶室如期举办每周一次的品茗会,本期的主题是普洱茶,李先生尝后对茶叶苦涩浓烈的口感、青黄色的茶汤和绿色的叶底留下了深刻的印象。他提出了疑问:"之前喝的普洱茶都是粗枝大叶,汤色红浓艳丽,口感醇厚润滑,为什么这次喝的和之前的相差这么远呢?"

作为接待人员的你该如何回答?

任务一　品茶

任务布置

①了解普洱茶的发展和产地
②熟悉普洱茶的品质特征及功效
③掌握普洱茶的冲泡程序
④能够结合普洱茶知识进行茶叶推荐

任务分析

一、普洱茶的历史

普洱茶属于黑茶的典型代表,有着悠久的历史。在唐朝,普洱茶被叫作"银生茶"。宋朝建立了"以茶易马"的茶马互市,为了运输方便,普洱茶被制成"紧团茶",销往川藏地区。元朝时,普洱茶被称作"普茶",是市场上交易

的重要商品之一。明朝到清朝中期,普洱茶的发展进入了鼎盛时期,普洱茶成为贡品。清朝雍正年间,清廷设置了普洱府,即现在的普洱市,在当时,普洱府是滇南重镇、茶叶的集散地,滇南的茶叶均集中在普洱府加工,然后销往全国各地,因此普洱府的茶就被称作普洱茶,沿用至今。

20世纪70年代初,为满足消费者的需要,云南茶叶公司组织力量成功研制出普洱茶加工的后发酵工艺,1975年人工渥堆发酵技术在昆明茶厂试制成功,从此普洱茶从不可控的自然发酵走向可控的人工发酵,普洱茶产业也迎来了工业化发展。

二、普洱茶的产地和加工

《地理标志产品 普洱茶》(GB/T 22111—2008)规定,普洱茶是以地理标志保护范围内的云南大叶种晒青茶为原料,并在地理标志保护范围内采用特定的加工工艺制成,具有独特品质特征的茶叶。并不是只有云南普洱的茶才叫普洱茶,普洱茶产区广泛,云南有西双版纳、临沧、普洱、保山、大理等11地处于普洱茶地理标志保护范围内,产区终年雨水充足,云雾弥漫,土地肥沃、无污染,所以茶叶品质很高。

云南普洱茶工艺包含了自然发酵工艺和人工渥堆后发酵工艺两种。按加工工艺及品质特征来分,普洱茶分为生茶和熟茶两种类型。

普洱茶生茶加工工艺步骤包括鲜叶摊放、杀青、揉捻、解块、日光干燥、包装。在晒青毛茶的基础上直接蒸压成形的便是普洱茶生茶(紧压茶),其不经过人工后发酵步骤。

普洱茶熟茶是在生茶毛料的基础上进行深加工后制得的茶叶,一般还要经过渥堆、拼配、塑形、干燥、储藏等程序,通过人工干预的方式加快普洱茶的内含物转化,得到醇厚温润的口感。发酵后茶性变得温和,苦涩味降低,便成为散茶。散茶香气发散快,适合及时饮用,不便存储,因此在此基础上将散茶蒸压成形,制成我们常见的茶饼、茶砖等(紧压茶),方便储存。

人工渥堆是制作普洱茶熟茶的关键工序。渥堆和发酵面包、米酒的原理是一样的,须把原料封存在一定的空间里,给予适当的温度和湿度,让有益菌快速发酵。渥堆的目的是促使茶叶快速发酵,即快速进行一系列氧化、聚合、降解等化学反应。渥堆对湿度、温度、时间等条件要求较为严格,且需一气呵成。如果发酵不足,普洱茶容易酸化劣变;发酵过度,又容易炭化,导致汤味寡淡。

无论是普洱茶生茶还是普洱茶熟茶,制成成品后茶叶都还持续进行着自然陈化,因此具有越陈越香的独特品质。

```
茶  百  科
```

生茶放久了就成了熟茶?

普洱茶的生茶与熟茶是通过不同工艺区分的,因此请谨记——生茶放再久也不会变成熟茶。熟茶工艺是为了在短期内形成茶叶长期陈化后的口感香气而研发的,是个从诞生至今不到 50 年的"小年轻"。

```
茶  百  科
```

一饼普洱茶的重量为什么是 357 克?

现在,常见的一饼普洱茶大多是 357 克。为什么普洱茶要做成一饼357 克呢? 这与古代的计量单位有关系。古代涉边交易,政府为了减少度量衡纠纷,便于征税和交易,实行了计量单位标准化。规定圆饼茶 7 饼为 1 筒,每饼重 357 克,刚好每一筒重 2.5 千克,非常方便过去茶马古道上的茶商计算重量。

三、普洱茶的品质功效

由于普洱茶的生茶和熟茶工艺不同,二者在品质方面呈现出截然不同的特点。

(一)熟茶

1.干茶颜色与香气

干茶颜色褐红,较显毫,条索紧结匀整,有些芽茶为暗金黄色。有浓浓的渥堆味,发酵较轻者有类似龙眼味,发酵较重者有闷湿草席味。

2.口感

熟茶的醇和在于汤的滑、厚、醇、甜、柔。

3.汤色

发酵较轻者多为深红色,发酵较重者以黑色为主。

4.叶底

发酵较轻者叶底红棕色,但不柔韧。发酵较重者叶底深褐色或黑色居多,较硬而易碎。

普洱茶熟茶的干茶与茶汤如图 5-1 所示。

图 5-1 普洱茶熟茶的干茶及茶汤

(二)生茶

1.干茶颜色与香气

初制的生茶颜色多为青褐、瓦灰,芽头偏白,随着贮存时间的延长,茶叶逐渐氧化,颜色变深,转为黑绿色或深褐色。生茶一般具有较浓的香气。

2.口感

新的生茶口感浓烈,较具刺激性。苦、涩等味在口腔、咽喉引起的回甘、喉韵等一系列生理反应让广大生茶爱好者欲罢不能。存放一段时间后,生茶刺激性减弱,但是呈现出绵柔和回甘迅猛的口感,感受升级。

3.汤色

生茶汤色以黄绿、青绿色为主。

4.叶底

生茶叶底以绿色、黄绿色为主,较柔韧,有弹性。

普洱茶生茶的干茶与茶汤如图 5-2 所示。

(三)功效区别

在功效方面,普洱茶生茶茶性较烈,有"茶多酚王"之称,优质生茶所含茶多酚可达普通绿茶的 3 倍。生茶的功效有生津止渴、提神、抗衰老等。

图 5-2　普洱茶生茶的干茶及茶汤

普洱茶熟茶茶性温和醇香,暖胃不伤胃。熟茶的功效除了生津止渴、消暑解毒外,还能在一定程度上调理肠胃,帮助摆脱便秘苦恼。

四、普洱茶的冲泡方法

茶性与冲泡方法之间有着微妙的关系。普洱茶中,粗老茶不同于细嫩茶,生茶不同于熟茶,陈茶不同于新茶,轻发酵茶不同于较重发酵茶,"苦涩底"茶(苦涩味偏重)不同于"甜底"茶等。因此,对一款普洱茶要进行必要的试泡,通过试泡熟悉茶性,确定冲泡要领。

有的普洱茶需要泡较长时间才出味,而有的普洱茶却能短时出浓汤。这是由于普洱茶的制作工艺和原料不同所引起的。普洱茶按原料和制作工艺的不同,可以分为传统晒青茶和人工发酵茶两类。传统晒青茶大多为茶农手工揉捻,其揉捻时间较红茶、绿茶、青茶等茶类短,揉捻程度也轻于这些茶,因而茶味的浸出时间相对较长。这类普洱茶在冲泡过程中,总是让人有"茶味持久,茶韵悠长"的感觉。当然,也有采用机械揉捻制作晒青茶的。这类茶叶在冲泡时出味相对较快。成熟叶和粗老叶对形成普洱茶的特殊风味起着重要的作用。这部分茶叶的滋味浸出相对细嫩叶来说也较慢,不宜快速冲泡。从发酵程度对普洱茶的滋味浸出速度的影响来看,轻发酵或发酵适度的普洱茶,其滋味浸出速度慢于重发酵或发酵过度的茶。普洱茶的冲泡方法主要有以下几种。

(一)宽壶留根闷泡法

对于品质较好的普洱茶要采取宽壶留根闷泡法。"留根"就是始终将泡开的茶汤留一部分在茶壶里,不把茶汤倒干。一般采取"留四出六"或"留半

出半"。每次出茶后再以开水添满茶壶,直到最后茶味变淡。"闷泡"是指冲泡时间相对较长,节奏讲究一个"慢"字。"留根"和"闷泡"道出了普洱茶的茶性。采取留根和闷泡,既能调节茶汤滋味,又能为普洱茶的滋味形成留下充分的时间,达到口感的最佳境界。

(二)中壶工夫茶泡法

这种泡法就是现冲现饮,每次倒干,不留茶根。茶壶的容积根据饮茶者的数量而定。用此方法也能冲泡好普洱茶。如对部分比较新的普洱茶或有轻异味的普洱茶,使用中型壶现冲现饮,头几泡除去轻异味,可提高后几泡的纯度。对于部分重发酵茶,采取快冲倒干法有利于避免茶汤发黑。对于苦涩味较重的茶叶,中壶快冲能减轻苦涩味。对于部分采用机械揉捻制作的普洱茶,因茶味浸出较快,冲泡时也以此法为宜。

现实中常常会遇到部分储藏不当而茶叶质地很好的普洱茶,要么轻度受潮,要么串味,茶汤的茶味不够纯正,但浓甜度和醇厚度尚可。对于这类茶叶,冲泡时采用宽壶闷泡法,只是第一、二泡不留根,第三泡起再留根闷泡。

(三)盖碗冲泡法

盖碗冲泡法适合普洱散茶的冲泡,要求冲泡者手法熟练,建议采用定点冲泡方式。盖碗冲泡法的优点在于可闷可放,不会有壶泡带来的闷泡的感觉,冲泡时间、冲泡温度、出汤快慢、茶汤浓淡都可以控制,在一定程度上减少了器皿对茶汤醇厚度的影响,比较适合在评茶时采用。

任务实施

普洱茶熟茶(茶饼)冲泡

1. 备器

表 5-1　需准备的器具

器具类别	名称	规格	数量
主泡器具	紫砂壶	200ml	1
	品茗杯	瓷质、紫砂质等,杯壁较厚为宜	3
	水盂	500ml	1
	随手泡	1000ml	1

续表

器具类别	名称	规格	数量
辅助器具	茶荷	白瓷或竹木质	1
	茶拨	竹木质	1
	茶仓	瓷或竹木质,容量约50ml	1
	茶巾	棉麻质地	1
	杯垫	竹木或者瓷质均可	3
装饰器具	茶席、桌旗	防水质地	1
	插花	中式插花	1

2.备茶

茶叶用量没有统一标准,视茶具大小、茶叶种类和个人喜好而定。

一般来说,冲泡黑茶,茶与水的比例为1∶20—1∶25(1克茶叶用水20—25毫升),这样冲泡出来的茶汤浓淡适中,口感浓醇。因此,取茶叶8—10克,新手可用电子秤辅助。

茶 百 科

如何开茶

开茶时刀尖应该偏下,不要朝向自己;顺着紧压茶的"脉络"撬茶;茶叶是"剥"下来的,不能砍,不能切,更不能剁,要最大限度地减少开茶过程中的碎茶。

3.行茶

按照黑茶冲泡标准,冲泡普洱茶(熟茶茶饼)的基本程序如下:

(1)备具:根据品饮人数准备好茶盘,准备紫砂壶1个、玻璃公道杯1个、茶漏、白瓷杯3个、茶道组合、随手泡、茶巾、茶刀、茶荷、水盂。

普洱茶因浓度高,选用腹大的壶可避免茶汤过浓;因普洱茶适宜用高温来唤醒茶叶及浸出茶容物,所以比较适合用紫砂壶冲泡,透气保温。

(2)布具:茶艺席面布置合理、美观、有序,符合操作要求。遵循干器在左、湿器在右的原则码放。品茗杯可以摆放成"一"字形或三角形。布具要遵循干净、美观、实用、便于操作的原则。

(3)赏茶:用茶刀在茶饼上轻轻取下所需的茶叶,一般为5—8克。放入

茶荷,邀请宾客赏茶。开茶过程中尽量减少碎茶。

(4)温具:将开水倒至紫砂壶,再转入公道杯和品茗杯。温具的水一般为100℃。

(5)投茶:用茶拨将茶叶拨入壶中,可借用茶漏辅助。

(6)洗茶:向壶中注入沸水,再迅速倒入公道杯中。

头道茶汤用来洗茶,这个环节也可以称为醒茶。

(7)冲泡:悬壶高冲,注水至壶口,若茶汤有泡沫,可用壶盖内旋刮去泡沫,加盖静置1分钟左右。悬壶高冲可激发茶性,同时也可以将茶的残渣及泡沫冲出。

(8)淋壶:将开水淋于壶上,冲去泡沫及残渣。淋壶时手腕下压,提壶内旋。

(9)出汤:将茶汤从紫砂壶倒入公道杯中,可用茶滤辅助,过滤茶渣。

(10)分茶:将公道杯的茶汤均匀倒入品茗杯,分茶时要注意低斟茶汤。

(11)奉茶:将品茗杯置于杯托上,双手奉与宾客。奉茶时需注意:杯缘处不可用手触碰;要使用伸掌礼,并说"请用茶"。

(12)品茶、续泡:品茶使用"三龙护鼎"的手法。先观汤色,后闻香气,继而品饮。冲泡后要尽快将茶分与宾客品饮。

普洱茶冲泡,一般以8—10次为宜。

(13)收具:将桌面上的器具从右至左收回,器具原路返回,最后移出的器具最先收回。用过的器具清洗干净,摆放整齐。

任务评价

表 5-2 评分标准与细则

项目	分值	要求和评分标准	扣分细则	扣分	得分
茶样品质鉴别(15分)	15	能正确判断茶样的外形、汤色、香气、滋味和叶底的特点	品质特点描述少一项,扣2分,以此类推		
仪容仪表(10分)	3	发型、服饰端正自然	发型、服饰尚端庄得体,扣1分 发型、服饰欠端庄得体,扣2分 发型、服饰不端庄得体,扣3分		

续表

项目	分值	要求和评分标准	扣分细则	扣分	得分
	3	形象自然得体,优雅,表情自然,具有亲和力	表情木讷,眼神无交流,扣1分 表情紧张不自如,扣1分 妆容不得体扣1—2分		
	4	手势及站立、坐下、走动姿势得体	坐姿、站姿、行姿尚端正,扣1分 坐姿、站姿、行姿欠端正,扣2分 手势中有明显多余动作,扣1—3分		
茶席布置 (10分)	5	器具选配功能、质地、形状、色彩与茶类协调	茶具色彩欠协调,扣1分 茶具配套不齐全,或有多余,扣1—2分 茶具质地、形状与茶类不协调,扣1—2分		
	5	器具布置有序、合理	茶具、席面尚协调,扣1分 茶具、席面欠协调,扣2分 茶具、席面不协调,扣1—3分		
茶艺演示 (40分)	10	水温、茶水比、浸泡时间设计合理,调控得当	冲泡程序不符合茶性,扣5分 选择水温与茶叶不相适宜,温度过高或过低,扣2—4分 水量过多或过少,扣2—4分		
	15	操作动作顺畅、优美,过程完整,形神兼备	操作过程完整顺畅,稍欠艺术感,扣1—2分 操作过程完成,但动作僵硬,扣2—4分 操作基本完成,有中断或发生2次错误,扣3分 操作基本完成,有中断或发生3次错误,扣4分 发生4次及以上错误不得分 器物碰撞1次扣1分 器物掉落或者茶叶散落,视情况扣2—4分		
	10	冲泡及奉茶	冲泡注水如有断或洒落视情况扣1—2分 奉茶姿势不得当,扣1分 奉茶次序错误,扣1分 没有行礼,扣0.5分 没有奉茶礼及礼貌用语,扣1—2分		
	5	布具、收具有序合理	布具、收具欠有序,扣1分 布具、收具顺序混乱,扣1分 茶具摆放欠合理,扣1分 茶具摆放不合理,扣2分 茶具卫生不符合要求,扣1—2分		

续表

项目	分值	要求和评分标准	扣分细则	扣分	得分
茶汤质量（25分）	15	茶汤的色、香、味等特性充分表达	未能表达出茶汤色、香、味其一者，扣5分 未能表达出茶汤色、香、味其二者，扣8分 未能表达出茶汤色、香、味三者，扣10分		
	10	茶汤温度、茶量适宜	茶汤温度过高或过低，扣1—2分 茶量过多或过少，扣1—2分 几杯茶汤不均，扣1分		
总分	100				

任务二 识茶

任务布置

①了解黑茶的制作工艺及品质特点

②掌握黑茶的发展历史及基本类型

③介绍黑茶的制作工序及品质

任务分析

一、黑茶概述

黑茶属于我国六大茶类之一，是后发酵茶，因成品茶的外观呈黑色而得名，是我国特有的茶类。主产区包括四川、云南、湖北、湖南、陕西、安徽等地。传统黑茶采用的黑毛茶，原料成熟度较高，是制作紧压茶的主要原料。

早期的蒸青团饼绿茶由于长时间的烘焙干燥和长时间的非完全密封运输贮存，茶色由绿色变褐色，成为黑茶的雏形。北宋熙宁七年（1074年），四川采用绿毛茶做色变黑，蒸压成形，制成"乌茶"与西北交换马匹。这种"以茶易马""以茶治边"的制度自唐朝至清朝延续了千余年。明朝嘉靖年间，湖南安化将绿茶湿坯进行渥堆，用松材明火干燥法干燥，使干茶色泽变黑变褐，取名"黑茶"。

┌─────────────────────────┐
│　　茶　百　科　　│
└─────────────────────────┘

什么是后发酵

通常来说，茶叶发酵的本质是茶叶中可氧化的物质进行氧化的过程。通常所说的发酵是茶叶中氧化酶作用下的氧化反应，如青茶、白茶、红茶的发酵。茶的另一种发酵是杀青以后才产生的，属于非酵素性氧化，为区别于杀青之前的发酵，这种杀青后的发酵被称为"后发酵"。

二、制作工序

不同种类的黑茶，制作工艺有所不同，但都需要经过初制工艺制成毛茶，再进行加工。黑茶初制一般包括杀青、初揉、渥堆、复揉和烘焙（干燥）五道工序。

┌─────────────────────────┐
│　　茶　百　科　　│
└─────────────────────────┘

什么是毛茶

毛茶也称毛条，一般指鲜叶经过初制后的产品，其品质特征已经基本形成，可以冲泡饮用。但是由于毛茶的产地、采制季节、鲜叶老嫩、初制技术等不同，所以品质差异很大。毛茶经过精细加工后，可以成为精制茶。

（一）杀青

黑茶鲜叶原料以新梢青梗为主，一般分为四个级别：一级以一芽三、四叶为主，二级以一芽四、五叶为主，三级以一芽五、六叶为主，四级以对夹驻梢为主。

杀青是利用高温破坏酶的活性，以抑制多酚类物质的氧化。由于黑茶原料较老，水含量较低，黑茶杀青不易杀匀、杀透。为了避免水分不足，杀不匀透，一般除雨水叶、露水叶和幼嫩芽叶外，都要按10∶1的比例洒水（10千克鲜叶洒1千克清水）。洒水要均匀，以便于黑茶杀青能杀匀、杀透。

黑茶的杀青也分手工杀青和机械杀青两种。手工杀青一般选用大口径锅（口径80—90厘米），放鲜叶（每锅投叶量4—5千克）下锅后，高温快炒。

炒至烫手时改用炒茶叉抖炒,称为"亮叉";当出现水蒸气时,则以右手持叉,左手握草把,将炒叶转滚闷炒,称为"渥叉"。亮叉与渥叉交替进行,待茶叶绵软且带黏性,叶色转暗绿,无光泽,青草气消除,香气显出,折粗梗不易断,且均匀一致时,即为杀青完成。

黑茶的机械杀青与绿茶大致相同,区别在于,当锅温达到要求时,黑茶须先进行闷炒,再透炒,如此交替进行,至杀青适度方可。

（二）初揉

杀青后要趁热揉捻。将大部分粗大茶叶初步揉成条,且茶汁溢出附于茶叶表面,细胞破碎率达 20％以上,为渥堆创造条件。由于黑茶叶质较为粗老,因此揉捻时需遵循"轻压、短时、慢揉"的原则。一般采用机器揉捻,揉捻机转速以每分钟 40 转左右为宜,揉捻时间在 15 分钟左右。

（三）渥堆

渥堆是形成黑茶色香味的关键性工序。初揉后的茶叶无须解块,直接进行渥堆。渥堆应选择背窗、洁净的地面,避免阳光直射,堆高 66—100 厘米,上盖湿布等物,借以保湿、保温。渥堆适宜的环境条件是室温 25℃左右,相对湿度保持在 85％以上。

渥堆一般要求茶坯含水量在 65％左右,如果揉捻叶过干,可在堆面上洒些清水。如果气温高,叶温上升过快,可在渥堆过程中翻拌一次,以防烧坏茶坯。堆积 24 小时左右时,茶坯表面会出现水珠,叶色由暗绿变为黄褐,带有酒糟气味或酸辣气味,对光透视呈竹青色,手伸入茶堆感觉发热,茶团黏性变小,一打即散,即为渥堆适度。

（四）复揉

将渥堆适度的黑茶茶坯解块后,上机复揉,压力较初揉稍小,时长一般为 6—8 分钟,下机解块,及时干燥。当然,也可以手工复揉。

（五）烘焙（干燥）

烘焙是黑茶初制中的最后一道工序,通过烘焙形成黑茶特有的品质,即形成油黑色茶色和松烟香味。黑茶的干燥方法与其他茶类不同,其采用松柴旺火烘焙,不忌烟味,分层累加湿坯和进行长时间的一次干燥。黑茶的干燥在七星灶上进行。陆羽《茶经》中对黑茶烘焙的描述是:"焙,凿地深二尺,阔二尺五寸,长一丈。上作短墙,高二尺,泥之。"现在的烘焙方式仿古代,在灶口处的地面燃烧松柴,松柴采取横架方式,并保持火力均匀,借风力使火温均匀地透入七星灶孔内,火温要均匀地扩散到灶面焙帘上。

七星灶如图 5-3 所示。

图 5-3 七星灶

当焙帘上的温度达到 70℃时,开始撒第一层茶坯,厚度为 2—3 厘米;待第一层茶坯烘至六七成干时,再撒第二层,撒叶厚度稍薄。这样一层一层地加到 5—7 层,总的厚度不超过焙框的高度。待最上面的茶坯达七八成干时,即退火翻焙。翻焙用特制铁叉,将已干的底层翻到上面来,将尚未干的上层翻至下面去,然后继续升火烘焙,待上、中、下各层茶叶适度干燥,即行下焙。

黑茶毛茶下焙后,需压制塑形,然后置于阴凉通风处 10—15 天,进行自然干燥。

三、黑茶品质特征

各类黑茶所用鲜叶原料较粗老,都有渥堆变色过程,有的是干坯渥堆变色,如四川茯砖等;有的采用湿坯渥堆变色,如安化黑茶和广西六堡茶。黑茶都要经过蒸压和缓慢干燥的过程,所以反映在品质上,干茶呈褐色,汤色橙黄或橙红,香味醇而不涩,叶底黄褐粗大。

压制茶的形状与规格要符合该茶类的相关要求,如外形平整,压制紧实或紧结,不起层脱面,压制的花纹清晰。茯砖茶还要求砖内发花茂盛。各种压制茶的色泽也应具有该茶类应有的色泽特征;内质要求香气纯正,没有酸、馊、霉等不正常气味,无粗、涩等口感。

四、黑茶的分类

不同类别的黑茶因产地、原料、加工工艺等不同,品质也有所不同。从成品形态上可将黑茶分为散装黑茶、压制黑茶和篓装黑茶。散装黑茶有安化黑毛茶、普洱散茶、广西六堡散茶等。压制黑茶是指以安化黑毛茶、四川毛庄茶或做庄茶、广西六堡散茶、云南晒青毛茶、普洱散茶等为原料,经加工后蒸压成形的各种黑茶产品。压制黑茶的形状有砖形茶(如茯砖茶、花砖茶、黑砖茶、青砖茶等)、圆柱体形茶(安化千两茶)、枕形茶(如康砖茶、金尖等)、圆形茶(七子饼茶)等。

(一)湖南黑茶

湖南黑茶原产于湖南省益阳市安化县,现产品扩大到桃江、沅江、汉寿、宁乡、临湘等地。湖南黑茶采用安化山区种植的大叶种茶叶制成,先经过杀青、揉捻、渥堆、烘干,制成毛茶,在此基础上通过人工后发酵和自然陈化,最终制得黑茶。16 世纪以前,朝廷以茶易马,用的主要是四川黑茶,后来由于湖南所产黑茶量大且质好价廉,逐渐取代了四川黑茶。

湖南黑茶生产历史悠久,品类丰富,质量优良,主要品种有"三尖"茶、"三砖"茶和"花卷"茶。

"三尖"茶,即天尖、贡尖、生尖。其中,天尖茶(如图 5-4 所示)是用相对细嫩的一级黑毛茶精制而成的,其干茶色泽乌润,有清香或纯正松烟香,汤色橙黄,口感醇厚,叶底黄褐;贡尖茶是用二级黑毛茶加工而成的,其干茶色泽黑褐,香气纯正,汤色稍显橙黄,滋味醇和,叶底黄褐;生尖茶是用三级黑毛茶加工而成的,其干茶为黑褐色,香气较淡且带有焦香味,汤色暗褐,滋味尚浓、微涩。

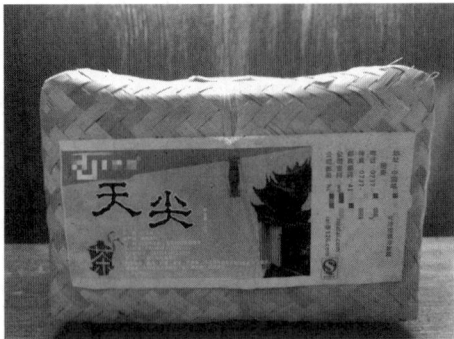

图 5-4 安化天尖茶

　　"三砖"茶是指黑砖茶、花砖茶和茯砖茶。黑砖茶是以三级黑毛茶为原料制作而成的。其砖身十分坚硬,砖面色泽黑褐,香气纯正,稍有松烟香。冲泡后,汤色红黄,滋味醇厚微涩,叶底暗褐。花砖茶多以三级黑毛茶为主要原料,拼入部分二级黑毛茶制作而成。其砖面平整,色泽黑褐,香气纯正,有松烟香。冲泡后,汤色红黄,滋味浓厚醇和,叶底暗褐。茯砖茶因含"金花",结构相对松散,根据原料嫩度不同,分为特制茯砖茶和普通茯砖茶。

　　"花卷"茶即安化千两茶系列,包括以重量命名的千两茶、百两茶和十两茶等。其中,千两茶以篾片捆压,呈筒状,长度约 1.65 米,直径约 0.2 米,重量约 36.25 千克。按古秤计量(16 两为 1 斤),最早的千两茶每支净含量为1000 两,故而得名。

　　安化百两茶如图 5-5 所示。

图 5-5　安化百两茶

　　千两茶一般由人工制作。制作时,首先需要将原料进行筛制、拣剔、整形、拼堆等,然后由五六名身强力壮的成年男子齐心协力,经过踩、绞、压、滚、捶等 23 道工序才能制得。其干燥定形需在夏秋季节,经过 50 天左右的日晒、夜露(不能淋雨),在自然条件下自行发酵和干燥。这种独特的制作工艺,使得千两茶被誉为"茶文化的经典,茶叶历史的浓缩,茶中的极品"。

　　千两茶切片后砖面平整,花纹图案清晰,色泽黄褐,香气纯正或带有松烟香,冲泡后汤色橙黄,滋味醇厚,经久耐泡。

（二）四川黑茶

四川黑茶也称"四川边茶"，生产历史悠久，因运往销区的运输路线不同而分为南路边茶和西路边茶。

南路边茶的生产制作以雅安为中心，天全、邛崃等地也是主产区，经雅安、天全、康定销往甘孜、西藏等地。主要产品有康砖、金尖等。南路边茶制法：用割刀采摘当季或当年成熟新梢叶子，杀青之后，经过多次渥堆晒干即可。成品茶品质优良，经熬耐泡，是压制康砖和金尖的原料，最适合做酥油茶，深受藏族人民的喜爱。

西路边茶以都江堰、汶川为生产中心，产品主要销往四川阿坝、青海玉树等地。西路边茶的鲜叶原料比南路边茶更粗老，采割当年或1—2年生茶树的枝叶，杀青后直接晒干即可。西路边茶成品有茯砖茶和方包茶。方包茶外形为长方形蔑包状，四角方正稍紧，规格为660毫米×500毫米×320毫米，每包净重3.5千克。品质特征为多粗壮梗、少叶，色泽黄褐，稍带烟焦气，汤色黄红稍暗，滋味醇和，叶底多粗壮梗，呈黄褐色。

（三）云南黑茶

云南黑茶是用晒青毛茶经渥堆发酵干燥后制成的，统称普洱茶。普洱散茶条索肥壮，汤色橙黄，香味醇浓，带有特殊的陈香，可直接冲泡饮用。以这种普洱散茶为原料，可蒸压成不同形状的紧压茶——普洱沱茶、普洱砖茶、七子饼茶等。

五、黑茶的冲泡器具

冲泡黑茶宜选择粗犷、大气的茶具。一般用厚壁紫陶壶或如意杯冲泡；公道杯和品茗杯则以玻璃质为佳，便于观赏汤色。

用紫砂壶冲泡黑茶可以达到两者相辅相成的效果。紫砂壶有保存茶汤原味的功能，能吸收茶汁，而且耐冷、耐热，能够提升黑茶的香气，使其滋味更加醇厚。所以紫砂壶特别适合冲泡那些有年份的老黑茶。

任务实施

对黑茶的加工、分类以及品质特点等进行简单介绍。

任 务 评 价

表 5-3　黑茶知识讲解评价表

项目		评价内容	组内互评	小组评价	教师评价
知识	应知应会	黑茶的加工、类别	优☐良☐差☐	优☐良☐差☐	优☐良☐差☐
		黑茶的分类、功效	优☐良☐差☐	优☐良☐差☐	优☐良☐差☐
能力	收集、整理、表述	查找	优☐良☐差☐	优☐良☐差☐	优☐良☐差☐
		分析	优☐良☐差☐	优☐良☐差☐	优☐良☐差☐
		归纳	优☐良☐差☐	优☐良☐差☐	优☐良☐差☐
		整理	优☐良☐差☐	优☐良☐差☐	优☐良☐差☐
		表述	优☐良☐差☐	优☐良☐差☐	优☐良☐差☐
态度		积极主动、热情礼貌	优☐良☐差☐	优☐良☐差☐	优☐良☐差☐
		有问必答、耐心服务	优☐良☐差☐	优☐良☐差☐	优☐良☐差☐
提升与建议				综合评价	优☐良☐差☐

考核日期：　　　　　　　　　　考核人：

任 务 拓 展

为什么黑茶中含有大量茶梗

黑茶有一个特点，就是往往掺有许多茶梗，许多人不了解黑茶，会以为黑茶里面掺入茶梗影响了茶叶的品质。实际上好的黑茶就该是含梗的。

1.茶梗中有丰富的营养物质

据茶学专家的研究，采摘茶叶时采下的嫩茎，其中含有大量的茶氨酸，含量要远远多于茶树的叶子。另外，冲泡陈放时间长的茶梗，出来的茶汤滋味很甜爽，还伴随着浓郁的陈香。

2.茶梗是黑茶中茶香的重要来源

茶梗中含有相当数量的香气物质，茶叶在加工的过程中，香气物质会从茶梗转移到叶片中，与叶片中的有效物质结合，转化形成更浓的香味品质，所以说适当的茶梗是有利于制成芬芳味浓的茶叶的。不只是黑茶，以浓香闻名的优质乌龙茶也是有茶梗的。

3.茶梗为茶汤增添了一分鲜甜

大部分黑茶在采摘过程中都会要求采摘较为成熟的鲜叶。从茶汤的风

味来考虑,成熟叶片中的茶多糖、蛋白质、矿物质等都比嫩叶要高出很多倍,所以要使黑茶口感丰富,茶叶原料中的茶梗是必不可少的。

4.茶梗是"金花"产生的一个必要条件

黑茶里面"金花"的产生来自独特的发花工艺,这是黑茶品质和风味形成的一道关键工序。要想"金花"茂盛,茶梗是一样必不可少的东西。

适量茶梗能够增加茶砖的砖身空隙,保证茶砖内的氧气含量。含梗量太低,茶砖的砖身会过紧,影响发花。有实验数据表明,茯砖的含梗量在13.5%以下时,金花的颗粒小、不茂盛,而含梗量达到16.5%左右的时候,金花茂盛,而且"花朵"大而密,茶会表现出醇厚的滋味,拥有浓郁的菌花香。

因此,好的黑茶是必须要"有梗"的。

任务三　赏茶

任务布置

①能够列举黑茶的主要品种
②能够辨认3—5种黑茶
③能够正确推介名优黑茶

任务分析

一、丝绸之路上的黑黄金——陕西泾阳茯砖茶

(一)茶之源

西北有句老话:"自古岭北不植茶,唯有泾阳出砖茶。"我国古代经丝绸之路外销的货物主要有丝绸、瓷器、茶叶。泾阳是南茶北上的必经之地,官茶到泾阳,制成茯砖茶后,才沿丝绸之路销往西北各地乃至中西亚各国。泾阳茯砖茶因此被誉为"古丝绸之路上的神秘之茶""丝绸之路上的黑黄金"。

在漫长的集散、加工、制作岁月中,茶商在不经意的情况下偶然发现加工之茶中长出"金花"(茶商们将茯砖茶中的金黄色星状斑点称为"金花"),金花菌极大地提高了原黑毛茶的品质。茶商们在此基础上,不断探索、总结、完善制作工艺,形成了泾阳独有的茯砖茶品。因茯砖茶是在夏季伏天加工制作的,其香气和作用又类似茯苓,且蒸压后的外形呈砖状,故称

为"茯砖茶"。

泾阳茯砖茶又称"封子茶""泾阳砖",是再加工茶类中黑茶紧压茶的一种。其工艺复杂,有多达 29 道制茶工艺。泾阳茯砖茶茶体紧结,色泽黑褐油润,金花茂盛,清香持久,陈香显露,滋味醇厚绵滑。

茶 百 科

什么是"金花"?

茯砖茶在发酵时会产生一种对人体非常有益的微生物菌种——金花,呈黄色颗粒状,学名叫冠突散囊菌。金花在特定的温度和湿度下能够在茯砖茶中生长,这个过程中还会促进茶叶内含物发生转化,形成特有的色香味。

(二)茶之饮

泾阳茯砖茶呈砖状,茶身较紧,冲泡前需用专用小刀或镊子取下适量茶叶,碎开备用,具体冲泡方法如下。

1.烹煮法

选用玻璃质地的煮水容器、过滤网、公道杯、品茗杯。冲泡前先用沸水温杯烫壶,将预先备好的泾阳茯砖茶投入壶中,投茶量一般以茶水比 1:20 为宜。沸水润茶后再注入冷泉水,煮至沸腾,将茶汤倒入公道杯(可借助过滤网),再分茶入品茗杯,即可品饮。烹煮过程中茯砖茶的菌花香弥漫室内,令人心旷神怡。

2.泡饮法

可用紫砂壶、玻璃壶、瓷壶来进行冲泡。先用沸水温杯烫壶,再投茶(茶水比为 1:25—1:30)、润茶,冲泡时间在 12 分钟左右(可依茶的老嫩及个人喜好缩短或延长冲泡时间),过滤后注入品茗杯,即可嗅闻茶特有的菌花香,观其橙黄明亮的汤色,细品醇和甘爽的滋味了。

3.调饮法

烹煮出来的茶汤可以按照个人喜好加入一些辅助的饮品,如糖、酥油、奶、盐等,使茶汤的口感更好。

4.闷泡法

可以用一般的保温壶进行冲泡。首先将保温壶用开水烫洗一遍,提高

壶的温度,再按照个人喜好投入泾阳茯砖茶,然后用沸水注满,闷泡30分钟左右便可以饮用。

(三)茶之赏

泾阳茯砖茶的干茶外形:砖面完整,模纹清晰,棱角分明,侧面无裂,有均匀而明显的金花。

泾阳茯砖茶的茶汤颜色:橙黄明亮如琥珀。

泾阳茯砖茶的叶底性状:均匀完整,呈青褐色。

泾阳茯砖茶的茶汤香气:带菌花香。

泾阳茯砖茶的茶汤滋味:醇和而甘甜。

泾阳茯砖茶的干茶如图5-6所示。

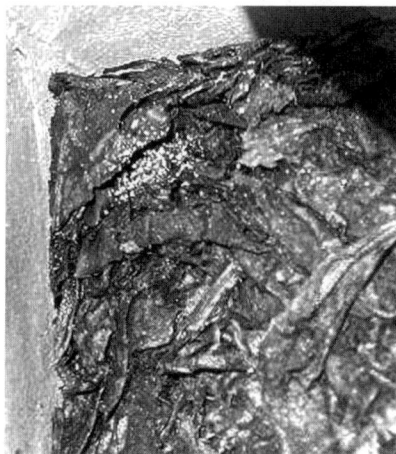

图 5-6　泾阳茯砖茶干茶

二、一味祛湿解热的良药——六堡茶

(一)茶之源

六堡茶产于广西壮族自治区梧州市。在1500多年以前,六堡茶就是这一带居民的日常饮品了,当地居民用它来防治腹泻、防暑祛湿等。后来六堡茶一直以出口为主,颇受东南亚国家的欢迎。在不少东南亚国家,六堡茶就是华侨、华人的思乡之物。

六堡茶以陈为佳。初制后的六堡茶需要装篓,经过一定年份的陈化,滋味才会变得浓醇,香气才会变得沉稳。冲泡出来的茶汤,红艳明亮,散发菌香,入口微苦,过后回甘十足,口感也很绵柔。陈化后,其茶性变得更为温和,减少了对肠胃的刺激,再加上有益菌群的相辅相成,坚持饮用,有强身健体之功效。

(二)茶之饮

1.盖碗泡法

茶具:白瓷盖碗(紫砂壶、陶壶亦可)、玻璃公道杯、品茗杯。

具体步骤如下:

(1)开水烫碗,提高茶具温度。

(2)取 7 克茶投入 110 毫升的盖碗中,水温以 100℃为最佳。

(3)洗茶两遍,注水出汤,即入即出。

(4)冲泡第三遍时,沸水沿盖碗壁缓慢下注,尽量避免茶叶翻滚,合盖闷 5 秒后出汤。

(5)从第六泡开始,每一泡的出汤时间延长至 10 秒左右,可连续冲泡 7—10 次,甚至更多次。

2.闷泡法

闷泡是旧时农家常用的冲泡方法,简单且实用,此方法适合 5 年以上的陈茶。

茶具:保温杯(保温壶)、茶滤器(可选)。

具体步骤如下:

(1)一般而言,闷泡的茶水比例大约在 1∶200,500 毫升的保温杯(保温壶)可投茶 2.5 克左右,亦可根据个人口感适当调整投茶量,但最多不宜超过 4 克。

(2)用 100℃的沸水泡洗茶两遍,把茶倒入保温杯(保温壶)。

(3)注满沸水,拧紧盖子开始进行闷泡,闷泡期间最好不要拧开盖子,以免影响香气、口感。

(4)闷泡 30 分钟后倒出茶汤,即可品饮。

(三)茶之赏

六堡茶的干茶外形:色泽黑褐光润,茶条紧细圆直。

六堡茶的茶汤颜色:红艳明亮。

六堡茶的叶底性状:黑褐饱满,油润。

六堡茶的茶汤香气:香气浓醇,有槟榔香味。

六堡茶的茶汤滋味:醇和爽口,略感甜滑。

六堡茶的干茶如图 5-7 所示。

图 5-7　六堡茶干茶

三、鲜为人知的"神仙茶"——安茶

（一）茶之源

安茶是安徽省祁门县的特产，是国家地理标志产品。安茶创制于清代，兴盛于 20 世纪初，内销粤、港、澳地区，外销东南亚诸国。因越陈越香、越陈越醇，且具祛湿消食之功效，被尊为"圣茶"。受战争等诸多因素影响，安茶在 1937 年被迫停产。改革开放后，安茶的生产得到了恢复和发展。安茶制作技艺被列入安徽省第四批非物质文化遗产名录。

图 5-8 是工作人员正在用箬叶与竹篓包装安茶，安茶茶叶的初烘和复烘如图 5-9 所示。

图 5-8　用箬叶与竹篓包装安茶

图 5-9　安茶茶叶的初烘和复烘

安茶对采摘时间有严格规定。据说,要制作上乘的安茶,须在谷雨前后不超过 10 天的时间内采摘鲜叶。制作安茶的原料是祁门褚叶种茶树及以此为母本选育的茶树品种的鲜叶。鲜叶的采摘标准为一芽二叶、一芽三叶或对夹叶。制作分初制和精制两部分,初制分晒青、杀青、揉捻、干燥 4 道工序。焙好的毛茶要放置半年左右,再分筛定级,拣剔茶梗,立秋之后,安茶的精制才开始。精制包含如下工序:筛分、拣挑、高火、露茶、装篓、束条、干燥、储藏。其中,筛分就很讲究,需要用 9 套竹筛按顺序筛分,可见安茶制作的精细。

露茶是安茶区别于其他黑茶的特殊工艺,这一古法制作工艺,一定要在白露季节进行,茶人将干茶置于野外,猛吸露水,之后收茶上蒸,以保茶露相融。

制作成功的成品茶,由当地天然的箬叶包装,再放入竹条编制的竹篓内,进行陈放,储存数月,甚至 2—3 年。茶品油光十足,紧结不松散,黑亮香醇,汤色为琥珀色,入口略苦、爽口、有回甘,香气馥郁,六泡之后水转甜,陈韵留齿久不散。

(二)茶之饮

1. 工夫茶冲泡法

温杯:温水润盖碗或壶,提高茶具温度,以更好地激发茶叶香气。

投茶:茶水比为 1:50(也可根据个人喜好控制投茶量)。

润茶:用沸水润茶,3—5 秒后把头遍茶汤倒掉。

冲泡:冲入沸水,7—10秒后品饮,一般第4—7泡口感最佳,后面可随着冲泡次数增加,适当延长泡茶时间。

2.闷泡法

投茶:茶水比为1∶200(也可根据实际的闷泡壶容量及个人口味控制投茶量)。

闷泡:润醒后的茶叶置入壶内,沸水冲入。开水闷泡40分钟最佳。

特色:用此方法泡制的茶汤糯、厚、甜,滋味醇厚清爽,带着箬叶微香,生津感很强烈。

3.煮茶法

煮水:清水倒入煮茶壶,煮沸。

润茶、投茶:茶水比为1∶200,润茶后将茶叶放入壶内。

煮茶:小火慢煮5—10分钟,即可品饮。饮至还剩1/3时续水再煮,茶汤滋味不减。

说明:陈年安茶冲泡时可加入箬叶两到三片,风味更足。

(三)茶之赏

安茶的干茶外形:条索紧结匀整,色泽黑褐油润,有毫。

安茶的茶汤颜色:橙黄明亮。

安茶的叶底性状:嫩匀、黄褐明亮。

安茶的茶汤香气:有槟榔、箬叶香味。

安茶的茶汤滋味:醇甜润滑。

安茶的干茶如图5-10所示。

图 5-10　安茶干茶

四、可以喝的文物——湖北青砖

（一）茶之源

湖北青砖主产于湖北省赤壁市,当地产茶历史悠久。明代,湖北省赤壁市羊楼洞古镇生产的茶叶为了降低运费、减少损耗和便于长途运输,改变了宋代以来用米浆将茶叶黏合成饼的办法,采用了先将茶叶拣筛干净,再以蒸汽加热,然后加工成圆柱形状的"帽盒茶"的新制法。羊楼洞也因此成为鄂湘交界处茶叶产销集散中心。

从采摘到加工成成品,湖北青砖的制作工序极其复杂,大致分为初制毛茶、复制包茶和精制砖茶三部分。其以老青茶为主要原料,经过蒸汽压制定形、干燥、成品包装等工艺过程制成。

压制青砖的老青茶分面茶和里茶,面茶较精细,里茶较粗。老青茶鲜叶的采摘标准通常按茎梗的皮色来划分,分三个等级:一级茶(洒面茶,面上的一层)以青梗为主,基部稍带红梗;二级茶(二面茶,底面的一层)以红梗为主,顶部稍带青梗;三级茶(里茶,中间夹的包心层)为当年生红梗。

面茶的制作工序主要有杀青、初揉、初晒、复炒、复揉、渥堆、干燥。里茶的制作工序主要有杀青、揉捻、渥堆、干燥。毛茶经筛分、压制、干燥、包装后制成青砖,青砖色泽青褐,香气纯正,滋味醇和,茶汤呈黄褐色,叶底暗黑粗老。

（二）茶之饮

备具:紫砂壶、公道杯、茶滤、品茗杯及辅助器皿。

备水:100℃沸水。

投茶量:茶水比在 1∶20 左右。

冲泡:用沸水润茶,再注入沸水,15—20 秒后出汤。

（三）茶之赏

湖北青砖的干茶外形:砖面色泽青褐,压印纹理清晰。

湖北青砖的茶汤颜色:黄褐明亮。

湖北青砖的叶底性状:暗黑粗老。

湖北青砖的茶汤香气:纯正。

湖北青砖的茶汤滋味:醇厚。

湖北青砖的干茶如图 5-11 所示。

图 5-11　青砖茶干茶

识别茶样

1.备器

表 5-4　需准备的器具

器具类别	名称	规格	数量
审评器具	茶盘	白色木质 30cm×30cm	3
	茶样	黑茶茶样	3

2.识茶

在规定时间内,辨认出陈列的 3 种黑茶品种及产地,能够简单描述其品质特征。

任务评价

表 5-5　黑茶辨识评分表

项目	要求和评分标准	分值	组内评分	教师评分	最终得分
茶样辨识 (40 分)	规范摆放及整理茶样、茶盘	10			
	观察干茶外形,准确说出 3 种黑茶的名称及产地	30			
描述特点 (30 分)	说出指定黑茶的干茶外形特点	10			
	说出指定黑茶冲泡后的滋味特点	20			

续表

项目	要求和评分标准	分值	组内评分	教师评分	最终得分
推介茶品 （30分）	结合产地与品质特点，介绍一款自己喜欢的黑茶	15			
	简述黑茶的加工工艺	15			
合计		100			

任务四 事茶

任务布置

①了解茶点的种类

②掌握茶点组合的基本要求

③熟练掌握不同茶类的茶点组合

任务分析

一、茶点的历史

古人饮茶已有"茶食""茶果"之说，"食"和"果"就是指点心。茶点是佐茶的点心、小吃。唐朝时，茶配点心开始流行，茶点颇为丰富。如粽子，做法与今相似，唐玄宗诗云："四时花竞巧，九子粽争新。"还有馄饨。古时的馄饨即现在的饺子，或蒸或煮，味道极美。还有饼类，皮薄，内有肉馅，煎制而成，外酥里嫩。

到了宋代，茶点进一步流行，各种饮茶场合都能看到它的身影，从宋徽宗与宫廷画家联合所画的《文会图》中就可见一斑：皇家茶席上所放置的茶点品类丰富，制作也很精巧。明清时期的茶点有几十种，已不亚于现今。《红楼梦》一书中描写的茶点就有四五十种。现在，茶点是茶馆的必备品，其品种之丰富，制作之精巧，使其成为中华茶文化的重要组成部分。

茶点种类丰富，口味也各具地方特色。例如，广东人饮早茶坚持"一盅两件"，也就是一壶茶、两份佐茶点心，点心可以是虾饺、烧卖、叉烧包、肠粉等；土生土长的福建人喝工夫茶，要佐以椰饼、绿豆糕等。

189

二、茶点的作用

第一，准备茶点是一种待客礼仪。自古以来，中国就有以茶待客的传统，在待客时当然不可能只让客人对着一壶清茶品饮，还要端上几盘点心方显主人的礼数周全。

第二，喝茶配茶点可以增加茶味。我们在吃某些食物的时候，往往会用另一种调味品让食物本身的味道更加突出。

第三，喝茶配茶点可以缓解"醉茶"。空腹喝茶容易"醉茶"，适当进食，可以保护肠胃，减少刺激。

三、茶点搭配的基本原则

茶点的选择可以说既是一门技术，也是一门艺术。需要对所品饮的茶的茶性进行深入了解，还需要对茶点的口感进行深刻领会。性味相合，方得真滋味。

（一）注重形式

和茶搭配的茶点要讲究形式美。首先，茶点本身要美，要有漂亮的颜色、精美的外形，否则会破坏喝茶的氛围；其次，不同的茶点在搭配时要注意在外形和颜色上给人带来视觉享受；最后，茶点的种类要多，并且要注意不同茶点在数量上的搭配。

（二）适合茶性

性味相合，就是指食性要适应茶性，食味要与茶味相合。总的来说，可以概括为几句话：绿配甜，红配酸，生配甜，熟配咸，白配淡，瓜子配乌龙。

1. 甜与"绿"的相逢

绿茶的种类很多，但味道大多清新淡雅，还有或浓或淡的花香，如春雨过后花枝的气息。所以在茶点的搭配上也应该遵循绿茶的特质，味道不宜太过浓郁，否则茶点盖过茶味，让人体会不出绿茶原有的雅致。

有些绿茶在泡开后会有很鲜的豆味，例如龙井，所以适宜搭配一些以豆子为原料的茶点，像经过改良的传统小食豌豆黄、芸豆卷都很合适。还有现煎的酒酿饼，里面包裹着豆沙、芝麻等，表皮被煎得金黄酥脆，搭配绿茶食用，甜味会变得更加柔和。

2. 酸与"红"的邂逅

喜欢红茶的人通常都喜欢那股特别的香味。如果要给红茶搭配茶点，就可以选择柠檬片、山楂、蜜饯等。另外,红茶的滋味醇厚浓郁,回甘很好,配上一些酸的点心,会产生酸甜口感。

3. 咸与"青"的搭配

青茶的口感介于绿茶和红茶之间,它兼有绿茶的清香气息和红茶的甘甜口感,并避开了绿茶之苦和红茶之涩。品饮时重韵,茶汤过喉徐徐生津,用咸鲜的点心来配,能保留茶的香气,不破坏青茶原有的滋味。

4. 普洱与高甜的"化学反应"

喜欢普洱的人通常都喜欢那股特别的陈仓味,普洱的魅力在于越陈越香。给普洱茶搭配茶点,可以选用一些甜香的点心。因为喝了普洱茶容易有饥饿感,而糖分高的点心则能很好地让胃得到安慰。另外,普洱茶比较厚重的味道也能很好地包容甜度高和偏油的点心,使得它们在入口后不那么甜腻。像含油的酥饼、牛奶糖、小蛋糕、曲奇饼干等,都是不错的选择。

(三)具有品尝性

茶点还应该具有品尝性。如榴梿酥,酥皮薄如蝉翼,表面略有清油。轻轻咬开那薄薄的外层,就像吃到了刚剥开的榴梿果肉,浓郁的香味在舌尖上泛起。

四、茶点与器皿的搭配

茶点盛装器皿应服务于茶点本身。一般来说,干点宜用碟,湿点宜用碗;干果宜用篓,鲜果宜用盘;茶食宜用盏。色彩上,一般以红配绿、黄配蓝、白配紫为宜。有些盛装器皿里常垫以洁净的纸。

总之,茶点及盛装器皿都要小巧、精致和清雅,切勿选择个大体重的食物,也勿将茶点堆砌在盛装器皿中。只要巧妙配置,茶点也将是茶席中的一道风景。

茶点摆放示例如图 5-12 所示。

图 5-12　茶点摆放示例

搭配茶点

1.备器

准备不同造型的碗、碟、盘、篮等容器。

2.备茶

准备六大类茶品。

3.根据不同茶类组合搭配茶点

完成下列内容填写。

表 5-6　茶点组合搭配及原理

茶品	茶点组合搭配 （文字＋图片）	说明原理 （美学、口感、营养搭配、主题、器具、文化等）
西湖龙井		
九曲红梅		
大红袍		
普洱熟茶		
白牡丹		
莫干黄芽		

任务评价

表 5-7　茶点搭配讲解评价表

项目	评价内容		组内互评	小组评价	教师评价
知识	应知应会	茶类的特性	优□良□差□	优□良□差□	优□良□差□
		茶点与器具的选择	优□良□差□	优□良□差□	优□良□差□
能力	收集、整理、表述	查找	优□良□差□	优□良□差□	优□良□差□
		分析	优□良□差□	优□良□差□	优□良□差□
		归纳	优□良□差□	优□良□差□	优□良□差□
		整理	优□良□差□	优□良□差□	优□良□差□
		表述	优□良□差□	优□良□差□	优□良□差□
态度	积极主动、热情礼貌		优□良□差□	优□良□差□	优□良□差□
	有问必答、耐心服务		优□良□差□	优□良□差□	优□良□差□
提升与建议				综合评价	优□良□差□

考核日期：　　　　　　　　　　　考核人：

项目六
一杯白茶习得从容

情境导入

"白茶清欢无别事,我在等风也等你。"这原本是一句表达相思的诗句,"白茶""清欢"体现的是一种淡泊清幽的意境,一边品茶,一边吹风,一边等人,悠闲自在,不急不慌,无忧无虑。

那么白茶是一种什么样的茶呢?

任务一 品茶

任务布置

①了解白毫银针的产地、由来及品质特点
②能正确选择冲泡的器具,并进行布席
③能正确地冲泡白毫银针
④能够简单描述并推荐白毫银针

任务分析

一、白毫银针的产地

之所以被称为"白毫银针",是因为这种茶的鲜叶原料全部是茶芽,成品茶形状似针,白毫密披,色白如银。其素有"茶中仙子""茶中美女""茶王"之美称。白毫银针在古代是皇家贡品。清末,白茶已经走出国门,主要销往德国、法国、爱尔兰等国家。

白毫银针始创于清嘉庆元年(1796年)的福建福鼎,至今已有200多年的历史,现主产于福建福鼎、政和地区。福鼎一带主栽品种选用福鼎大白茶和福鼎大毫茶,政和一带主栽品种选用政和大白茶和福安大白茶。因产区不同,白毫银针的品质略有差异。福鼎所产白毫银针芽头肥嫩,茸毛疏松,呈银白色,富光泽,毫香显著,滋味清鲜爽口,汤色呈浅杏黄色。政和所产的白毫银针,芽壮毫显,呈银灰色,滋味浓厚。

白毫银针的初加工工序包括鲜叶采摘、萎凋、烘焙等。因产地不同,福鼎和政和两地的白毫银针在初加工时制法不同。在采摘方式上,福鼎采单芽,政和采一芽一叶或一芽二叶。

政和白毫银针的采摘和剥针

白毫银针的采摘要求很严格,有"十不采"的说法,即雨天不采,露水未干不采,细瘦芽不采,紫色芽头不采,风伤芽不采,人为损伤芽不采,虫伤芽不采,开心芽不采,空心芽不采,病态芽不采。白毫银针的采摘以春茶第一、二轮的顶芽品质最佳。当春茶嫩梢萌发一芽一叶时,将其采下,然后用手指将真叶、鱼叶轻轻剥离出来,得到茶芽。夏季茶芽小,不够肥壮,不适宜制作白毫银针。秋季茶梢肥壮,也是制作白毫银针的好时候,品质和春茶不相上下。

剥出的茶芽均匀地薄摊于水筛(一种竹筛)上,注意不要堆叠,置微弱日光下或通风阴凉处,晒至八九成干,再用烘焙笼以文火烘焙,完全干燥后即成。也有用烈日代替烘焙笼晒至全干的,称为"毛针"。毛针经筛取肥长茶芽,再用手工摘去梗子(俗称"银针脚"),并拣除叶片、碎片等,最后再用文火烘干,趁热装箱。

白毫银针的干茶如图6-1所示。

图6-1 白毫银针干茶

二、白毫银针的保存

白毫银针不容易保存,在一定的环境条件下,易发生化学反应。若是准备储藏白毫银针,先要检查一下白毫银针的含水量——含水量越低越好。检查方法是用手指轻轻捏一捏,如果捏后呈粉末状,说明含水量较低,可以储藏。反之,则应尽快喝完,不宜久放。

保存白毫银针的容器以锡瓶、瓷坛、有色玻璃瓶为佳。其次宜用铁罐、木盒、竹盒等,塑料袋、纸盒最次。保存茶叶的容器要干燥、洁净,不得有异味。茶叶装进容器后,宜放在干燥通风处,不能放在潮湿、高温、不洁、阳光直射的地方。不少人将茶叶装进铁罐后封口,再用塑料袋密封好放进冰箱里,也是一个不错的办法。密封放置冰箱或冷藏箱,温度控制在-5—0℃,此法保存时间长。

茶 思 政

以茶为媒:做"清、甘、冽、活"好青年

一片叶子,落入水中,改变了水的味道,从此有了茶。正如明代许次纾在《茶疏》中所说:"精茗蕴香借水而发,无水不可与论茶也。"泡好茶,水的选择至关重要。社会需要发展,吾辈年轻人当如何发力?不妨参考一下古人择水的标准:清、甘、冽、活:

"清"是淬炼思想,做严守规矩、不逾底线的清白人。

"甘"是涵养正气,做知行合一、信仰坚定的老实人。

"冽"是砥砺风骨,做蹄疾步稳、主动担当的明白人。

"活"是守正创新,做敬业务本、扎实工作的干事人。

三、白毫银针的冲泡方法

白毫银针的冲泡方法与绿茶基本相同,但因其未经揉捻,且白毫披身,茶汁不易浸出,冲泡时间宜长,冲水后3分钟左右茶叶会慢慢沉底,此时就可以饮用了。白毫银针属于芽茶,适合用盖碗或者玻璃杯冲泡。

白毫银针冲泡后,香气清鲜,滋味醇和,会出现"白云疑光闪,满盏浮花乳"的景象,芽芽挺立,堪称奇观,极具观赏价值。

（一）盖碗法

取白毫银针 3 克左右，用 130 毫升左右的盖碗，95℃左右的开水进行冲泡。冲泡白毫银针要先温杯洁具，然后投茶摇香。白毫银针芽头肥壮，萎凋工艺没有揉捻步骤，内含物浸出速度慢，出汤速度可以适当慢一些，前两泡用定点熏蒸法使茶叶苏醒，从注水开始，第一泡 30 秒后可出汤，之后每泡冲泡时间可延长 5 秒。后几泡可用定点高冲法，出汤时间根据个人口味酌情递增。

品茶时，先闻香，后尝味。白毫银针十分耐泡，用盖碗通常可泡 12—15 次，后几泡回甘不减，香、醇、甘甜依旧。

（二）杯泡法

用 200 毫升的大杯，取 5 克白毫银针用 95℃开水冲泡，先温润茶叶，再用开水直接冲泡，一分钟以后可饮用。

四、白毫银针的茶艺演示

进行白茶茶艺表演时，可参考如下解说词。

开场白：尊敬的各位嘉宾，大家好！下面将为大家展示白毫银针的冲泡方法。

（一）备具

今天我们选用的是白瓷材质盖碗，它不吸香也不吸味，能泡出白毫银针的鲜香醇爽。

（二）量茶

一般来说，150 毫升的盖碗，投干茶 5 克左右即可，茶水比例为 1：30，最能展现茶汤的滋味。

（三）择水

我们选用没有太多杂质和矿物质的纯净水或者蒸馏水进行冲泡，不影响茶汤的滋味呈现，尽量做到完美还原茶味。

（四）候水

白毫银针芽身上的白毫，具有很强的防水性，唯沸水才能把它短时间内打湿、浸润。

（五）注水

注水的时候，建议把水壶放低，壶嘴尽量靠近盖碗。环壁注水，绕着碗壁缓慢打圈式注水，有助于快速浸润干茶。

（六）出汤

静置一段时间，便可以得到一杯鲜爽味十足的白毫银针茶汤。

任务实施

白茶煮泡法

1. 备器

表 6-1　需准备的器具

器具类别	名称	规格	数量
主泡器具	陶壶	750ml	1
	风炉	外粗陶，内置酒精炉	1
	品茗杯	瓷质、紫砂质等杯壁较厚的茶杯为宜	3
	公道杯	玻璃或者瓷质	1
	水盂	500ml	1
	随手泡	1000ml	1
辅助器具	赏茶荷	白瓷或竹木质	1
	茶拨	竹木质	1
	茶仓	瓷或竹木质，容量约 50ml	1
	茶巾	棉麻质地	1
	杯垫	竹木或者瓷质均可	3
装饰器具	茶席、桌旗	防水质地	1
	插花	中式插花	1

2. 备茶

茶叶用量没有统一标准，视茶具大小、茶叶种类和个人喜好而定。在专业的白茶审评中，茶水比是 1∶50。

（1）择水。

煮泡白茶，可以选用矿物质含量较低的弱碱性水，或者经过净化处理的纯净水。

（2）行茶。

①布具：茶艺席面布置合理、美观、有序，符合操作要求。遵循干器在左、湿器在右的原则码放。注意陶壶、风炉和随手泡的距离不宜放得太远。

②赏茶：从茶仓内取适量干茶，放入茶荷，并请宾客欣赏。

③温具：将随手泡中的热水倒至陶壶中，再转入公道杯和品茗杯。

④投茶：用茶拨将茶荷中的茶叶投入陶壶中。

⑤润茶：向壶中倒少量水，轻摇壶身，浸润茶叶。

⑥注水：向壶中继续注水至八分满。

⑦煮茶：点燃酒精炉，将陶壶置于炉上。依次洗公道杯、品茗杯。

⑧出汤：将陶壶中的茶汤倒至公道杯中，再由公道杯依次倒入品茗杯中。

注意：如不继续煮泡，应将酒精炉熄灭。

⑨奉茶：将品茗杯置于杯托上，双手奉与宾客。若执托盘，可用单手奉茶，并行奉茶礼。

⑩品茶、续泡：品茶可先观汤色，后闻香气，继而品饮。也可以继续加水煮泡。

⑪收具：将桌面上的器具从右至左收回，器具原路返回，最后移出的器具最先收回。用过的器具清洗干净，摆放整齐。

任务评价

表 6-2　冲泡评分标准与细则

项目	分值	要求和评分标准	扣分细则	扣分	得分
茶样品质鉴别（15分）	15	能正确判断茶样的外形、汤色、香气、滋味和叶底的特点	品质特点描述少一项，扣2分，以此类推		
仪容仪表（10分）	3	发型、服饰端正自然	发型、服饰尚端庄得体，扣1分 发型、服饰欠端庄得体，扣2分 发型、服饰不端庄得体，扣3分		
	3	形象自然得体，优雅，表情自然，具有亲和力	表情木讷，眼神无交流，扣1分 表情紧张不自如，扣1分 妆容不得体扣1—2分		
	4	手势、站姿、坐姿、走姿得体	坐姿、站姿、走姿尚端正，扣1分 坐姿、站姿、走姿欠端正，扣2分 手势中有明显多余动作，扣1—3分		

项目	分值	要求和评分标准	扣分细则	扣分	得分
茶席布置 （10分）	5	器具的功能、质地、形状、色彩与茶相协调	茶具色彩欠协调，扣1分 茶具配套不齐全，或有多余，扣1—2分 茶具之间质地、形状不协调，扣1—2分		
	5	器具布置有序、合理	茶具、席面尚协调，扣1分 茶具、席面欠协调，扣2分 茶具、席面不协调，扣1—3分		
茶艺演示 （40分）	10	水温、茶水比、浸泡时间设计合理，调控得当	冲泡程序不符合茶性，扣5分 选择水温与茶叶不相适宜，温度过高或过低，扣2—4分 水量过多或过少，扣2—4分		
	15	操作动作适度，顺畅、优美，过程完整，形神兼备	操作过程完整、顺畅，稍欠艺术感，扣1—2分 操作过程完整，但动作僵硬，扣2—4分 操作基本完成，有中断或发生2次错误，扣3分 操作基本完成，有中断或发生3次错误，扣4分 发生4次及以上错误不得分 器物碰撞一次，扣1分 器物掉落或者茶叶散落，视情况扣2—4分		
	10	冲泡及奉茶	冲泡注水如有中断或洒落，视情况扣1—2分 奉茶姿势不得当，扣1分 奉茶次序错误，扣1分 没有行礼，扣0.5分 没有奉茶礼及礼貌用语，扣1—2分		
	5	布具、收具有序合理	布具、收具欠有序，扣1分 布具、收具顺序混乱，扣1分 茶具摆放欠合理，扣1分 茶具摆放不合理，扣2分 茶具卫生不符合要求，扣1—2分		
茶汤质量 （25分）	15	茶汤的色、香、味等特性充分表达	未能表达出茶汤色、香、味其一者，扣5分 未能表达出茶汤色、香、味其二者，扣8分 未能表达出茶汤色、香、味，扣10分		

续表

项目	分值	要求和评分标准	扣分细则	扣分	得分
茶汤质量 （25分）	10	茶汤温度、茶量适宜	茶汤温度过高或过低，扣1—2分 茶量过多或过少，扣1—2分 几杯茶汤不均，扣1分		
总分	100				

任务二　识茶

任务布置

①了解白茶的起源与发展

②了解白茶的产地与分类

③能简单介绍白茶的制作工艺

任务分析

一、白茶的产生与发展

白茶属微发酵茶，是中国六大茶类之一，是一种采摘后不用杀青或揉捻，只进行萎凋和文火干燥的茶。白茶的名字最早出现在《茶经》中："永嘉县东三百里有白茶山。"宋代的《东溪试茶录》及《大观茶论》中，均有关于白茶的记载。《大观茶论》中称："白茶自为一种，与常茶不同，其条敷阐，其叶莹薄，崖林之间偶然生出，非人力所可致。"

现代意义上的白茶，发源于福建南平，约在清乾隆年间由当地的茶农创制。白茶是福建的常见外销茶，主要销往德国、日本、荷兰、法国、印度尼西亚、新加坡、马来西亚、瑞士等国。1891年已有白毫银针出口。

二、白茶的产区

白茶的主要产区在福建福鼎、政和、松溪、建阳和云南景谷等地。每个地方都有其独特的地理环境，为白茶的生长提供了得天独厚的条件。

福鼎素有"白茶之乡"的美誉。福鼎白茶的特点在于茶树生长环境优越，主要树种有大白茶树、小白茶树。茶叶整齐肥壮，条索显露，制作工艺注

重保持茶叶的原始风味,茶汤清澈见底,回甘十足,香气持久。

政和白茶以其独特的品质闻名于世。茶叶主要从福鼎大白茶树和小白茶树上采摘下来,嫩芽肥大,叶片柔软,茶汤清亮透澈,香气宜人,滋味醇厚,具有很好的陈化潜力。

建阳位于福建省西北部,山高,地势险峻,凉爽。白茶的主要树种为大白茶树,茶叶形态多样,外形匀称,叶片肥厚多汁。经过精细制作,建阳白茶的茶汤明亮澄澈,滋味醇厚,回味悠长,富有层次感。

松溪气候湿润,地理环境得天独厚。松溪白茶的主要树种为小白茶树,茶芽肥嫩,叶色嫩绿。制作过程中注重干燥,茶叶形态卷曲,茶汤澄澈明亮,口感甘甜,具有较强的抗氧化性。

云南也是白茶的重要产区之一。景谷白茶是云南白茶的代表。景谷位于云南省西南部,地理环境多样,气候温和湿润。景谷白茶的茶树以大白茶树为主,茶叶形态优美,叶片饱满翠绿。茶叶制作工艺精湛,茶汤清澈明亮,滋味鲜爽回甘,香气芬芳持久。

白茶最主要的特点是毫色银白,素有银装素裹之美感。干茶色白隐绿,满披白色茸毛,毫香重,毫味显,芽头肥壮,汤色浅淡、黄亮,味鲜爽口,香气清新,十分素雅。

三、白茶制作工艺

白茶制作的工序包括鲜叶采摘、萎凋、干燥、储存等。这种制法的特点是既不破坏酶的活性,又不促进氧化作用,且保持毫香持续,汤味鲜爽。其中,萎凋是形成白茶品质的关键工序。

(一)鲜叶采摘

白茶因采摘标准的不同,分为芽茶(白毫银针)和叶茶(白牡丹、贡眉、寿眉)。按照茶树品种分类,可分为大白、小白、水仙白三类。白茶通常一年可采三季。春茶,茶梢萌发整齐,毫心肥壮,茸毛多而洁白,叶质柔软,产品多为高级名茶,尤以肥芽制成的银针品质特优。春季制作的白茶约占全年产量的一半以上。夏茶,于芒种前后采摘,芽头瘦小,叶质稍硬而轻飘,毛茶汤浅味淡,有青涩感,品质较差。秋茶,自大暑到处暑期采摘,品质介于春茶和夏茶之间。现大多只在春季采制白茶。白茶采摘要求严格,要做到早采、嫩采、勤采、净采,芽叶成朵,大小均匀,留柄要短,轻采轻放,竹篓盛装,竹筐运输。

（二）萎凋

萎凋是白茶品质形成的最关键的工序。采摘鲜叶后用竹匾将鲜叶及时摊放，厚薄均匀，不可翻动。摊青后，根据气候条件和鲜叶等级，灵活选用室内自然萎凋、复式萎凋（自然萎凋加日光萎凋）或加温萎凋。一般选在天气晴朗、温度在 20—30℃、相对湿度低于 75% 的情况下进行萎凋，把采下的新鲜茶叶薄薄地摊放在竹席上，置于微弱的阳光下或通风、透光效果好的室内；遇阴雨、雷阵雨天气，环境低温高湿时，要采用加温萎凋。白茶萎凋需要持续约 40 个小时，加温萎凋时间可缩短，也可以自然萎凋和加温萎凋交替进行。当茶叶达七八成干时，叶片不贴筛，芽叶毫色发白，叶色由浅绿转为深绿或者灰绿，芽尖与嫩梗显翘尾，叶缘略带垂卷，叶色有波纹状，嗅之无青气，即算完成萎凋步骤。

白牡丹萎凋会经过萎凋—拼筛—拣剔—萎凋的步骤，而白毫银针萎凋过程不经过拼筛和拣剔。萎凋中的生化过程也是发酵过程，所以白茶也是微发酵茶。

在萎凋过程中，因叶绿素的分解与转化，形成白茶灰绿的特有色泽。因为白茶不经揉捻，其中的酶与多酚类化合物未能充分接触，所以白茶的汤色与滋味浅淡，这恰恰为白茶后期缓慢、轻微的酶性氧化创造了空间。品质过关的白茶久存，颜色会越来越深，滋味会越来越浓，茶汤趋于甘甜醇厚，并且耐泡程度也会越来越高，这就是陈年白茶受人欢迎的重要原因。

白茶的鲜甜来自氨基酸的积累。实验证明，白茶在加工过程中，萎凋至 60 个小时左右，其中的氨基酸含量会有明显增加。萎凋至 72 个小时后，氨基酸含量达到高峰。这个实验告诉我们，白茶在制作过程中的萎凋时间如果过短，就会造成白茶品质的严重下降。

（三）干燥

白茶的干燥方式一般是晾干或用文火焙干。如白毫银针干燥时，先将茶芽匀摊于竹筛上晒晾至八九成干，再以烘焙笼文火焙干。干燥的目的，其一是通过高温烘焙，破坏酶的活性，终止酶的氧化反应，固定烘焙前形成的色香味品质；其二是去除水分，紧缩茶条，促使内含物发生转化，提高白茶品质。

（四）储存

白茶的储存归纳起来就八个字：通风、透气、防晒、防潮。白茶的储存一定要注意环境，不可将其置于高温、强光、有异味的环境下，最好能够保证存

茶环境适度通风,干燥、常温、无异味。白茶干茶含水量应控制在5%以内,放入温度在1—5℃的冰库中。从冰库取出的茶叶最好3小时后再打开。

四、白茶品质特性

白茶因为采摘部位不同而具有不同特性。纯用肥芽制成的白茶称"银针",以一芽一叶和一芽二叶制成的称"白牡丹",以一芽二叶和一芽三叶制成的称"贡眉",以制银针"抽针"后的鲜叶制成的称"寿眉"。白毫银针芽头肥壮,汤色黄亮,滋味鲜醇,叶底嫩匀;白牡丹叶张肥嫩,叶态自然舒展,叶缘垂卷,芽叶连枝,毫心银白,叶色灰绿或铁青,汤色黄亮明净,毫香持续,滋味鲜醇,叶底嫩匀完整;贡眉叶色灰绿带黄,有毫香,滋味醇厚鲜爽,汤色橙黄,叶底的芽尖软嫩匀亮;寿眉不带芽毫,色泽灰绿带黄,香气纯正,滋味清淡,汤色呈黄绿色,叶底黄绿稍杂。

白茶不炒不揉的特点,决定了白茶中的黄酮含量明显高于其他茶类。因此,白茶清凉,寒性较重。对热性病的辅助治疗具有一定的效果,具有退热降火、祛湿败毒的功效。

五、白茶的分类

(一)按采摘的鲜叶分

1.白毫银针

以大白茶或水仙白茶树的单芽为原料,经萎凋、干燥、拣剔等特定工艺过程制成的白茶产品。

2.白牡丹

以大白茶或水仙白茶树的一芽一叶、一芽二叶为原料,经萎凋、干燥、拣剔等特定工艺过程制成的白茶产品。

3.贡眉

以群体种茶树的一芽二叶、一芽三叶为原料,经萎凋、干燥、拣剔等特定工艺过程制成的白茶产品。

4.寿眉

寿眉是制"银针"时采下的嫩芽经"抽针"后,由剩下叶片经萎凋、干燥、拣剔等特定工艺过程制成的白茶产品。

（二）按照白茶保存时间分类

1.新白茶

新白茶指当年的茶。茶色褐绿或灰绿,针白且白毫满布,特别是阳春三月采制的白茶,叶片底部及顶芽的白毫较其他季节所产的更多。

2.老白茶

老白茶指储存多年的白茶。一般的茶保质期为两年。过了两年的保质期,保存得再好,茶的香气也散失殆尽。白茶却不同,它与普洱茶一样,储存年份越久,茶味越是醇厚和香浓,素有"一年茶、三年药、七年宝"之说。一般五六年的白茶就可算老白茶,十几年的老白茶已经非常难得。老白茶甚至可以在现代中医处方中做药引子,其功效非新茶可比。

任务实施

对白茶的加工、分类以及品质特点进行简单介绍。

任务评价

表 6-3　白茶知识介绍评价表

项目	评价内容		组内互评	小组评价	教师评价
知识	应知应会	白茶的加工、分类	优□ 良□ 差□	优□ 良□ 差□	优□ 良□ 差□
		白茶的品质特点	优□ 良□ 差□	优□ 良□ 差□	优□ 良□ 差□
能力	收集、整理、表述	查找	优□ 良□ 差□	优□ 良□ 差□	优□ 良□ 差□
		分析	优□ 良□ 差□	优□ 良□ 差□	优□ 良□ 差□
		归纳	优□ 良□ 差□	优□ 良□ 差□	优□ 良□ 差□
		整理	优□ 良□ 差□	优□ 良□ 差□	优□ 良□ 差□
		表述	优□ 良□ 差□	优□ 良□ 差□	优□ 良□ 差□
态度	积极主动、热情礼貌		优□ 良□ 差□	优□ 良□ 差□	优□ 良□ 差□
	有问必答、耐心服务		优□ 良□ 差□	优□ 良□ 差□	优□ 良□ 差□
提升与建议				综合评价	优□ 良□ 差□

考核日期：　　　　　　　　　考核人：

盖碗行茶

盖碗被称为"万能茶具",是平时茶桌上使用率最高的茶具,从绿茶到红茶,从青茶到黑茶,没有一款茶是盖碗不能泡的。

盖碗经济实惠,各价位都有不错的产品。比起壶泡法,用盖碗冲泡更易直接观察茶叶,做到看茶泡茶。盖碗以白瓷最为常见,也有用玻璃、陶质甚至紫砂泥做成的盖碗。白瓷材质的盖碗不吸茶味,不染异味,可以做到出汤中正,还可以很好地观察茶汤,控制出水速度,兼具察色、嗅香、观形等功能,使用起来非常方便。

用盖碗泡茶同样是门学问。香气高扬的茶应高冲,香气平和的茶应低斟。不同的情况采取不同的手法,方能将茶汤以最好的形式呈现。首先,将碗口视为钟表,通过不同点位,选择定点冲泡或者环绕冲泡,采取低冲、高冲、旋冲等方式注水。常见的盖碗注水方法有以下几种。

1.定点低冲

(1)沿边定点低冲。

于碗口5点处定点(无茶叶的地方)注水,细流慢冲,茶的内质释放缓慢,能更好地呈现茶汤的润度、滑度、细腻度,体现茶汤的韵味。这种冲泡法适合冲泡碎散茶或投放量较多的茶。这种方法是最轻柔的,可避免茶汤浸出过快、过多而产生苦涩感。

沿边定点低冲如图6-2所示。

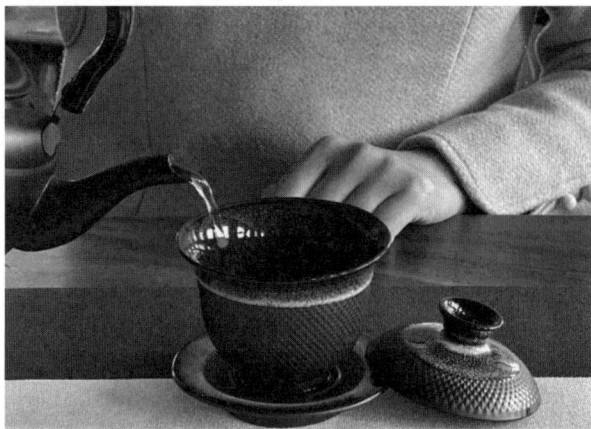

图6-2　沿边定点低冲

(2)中心定点低冲。

如果冲泡块形茶,水壶口应尽可能地离盖碗近,每次注水定点于盖碗中心,以使茶叶尽快舒展,这样香气会从内部逐渐扩散开来。这种冲泡法适合紧压茶,如普洱紧压茶、乌龙茶中的漳平水仙等。

中心定点低冲如图6-3所示。

图 6-3 中心定点低冲

2.定点高冲

悬高水壶于碗口的3点处定点注水,靠落下的水流冲击茶叶,使其在碗内上下翻滚。这增加了茶叶和空气的摩擦,利于茶叶舒展,使茶的内质快速释放,激发茶香,使香气高扬,同时释放茶性,增加茶汤的饱满度、丰富度。这种冲泡法适合冲泡球形的青茶、高香型的红茶等。

定点高冲如图6-4所示。

图 6-4 定点高冲

3.定点旋冲

于碗口的 5 点处定点,煮水器壶口内斜与杯壁呈 45°角注水,借力发力,旋转冲泡,用水流带动条索形茶叶转动,使其均匀地释放内质,以呈现茶汤的层次感、饱满度。这种冲泡法适合条索形的乌龙茶、红茶等。

定点旋冲如图 6-5 所示。

图 6-5 定点旋冲

4.中心环绕注水

从盖碗中心开始,以顺时针或逆时针打圈的方式注水,直至盖碗中水量适宜,使茶叶全部得以浸润。这种注水法比较适合条索蓬松、叶片粗大的散装白茶。因为茶叶蓬松,身骨轻,很容易漂浮在水面上,环绕注水可以让沸水接触到茶叶,更好地浸润茶叶,从而使内含物质浸出,茶汤饱满。

中心环绕注水如图 6-6 所示。

图 6-6 中心环绕注水

任务三　赏茶

任务布置

①掌握白茶的代表性品种

②能够辨认 4 款白茶

③能够简单介绍不同白茶的品质特征

任务分析

一、茶中仙子——白牡丹

（一）茶之源

白牡丹夹带银白色的毫心，以叶背垂卷、形似花朵而得名。白牡丹于 1922 年创制于福建建阳水吉地区，随后政和地区也开始产制白牡丹，并逐渐成为白牡丹的主要产区。

白牡丹是用大白茶或水仙白茶树的一芽一、二叶制成的，采摘时要求芽与叶的长度相等，披满白色茸毛。其成品茶叶态自然，芽心肥壮，叶背遍布洁白茸毛；色泽深灰绿；冲泡后，汤色杏黄或橙黄，毫香鲜嫩持久，滋味鲜醇微甜；叶底嫩匀完整，叶脉微红。

茶 百 科

白牡丹的传说

相传我国西汉时期，有个为官清廉的太守叫毛义。他因为看不惯官场的腐败，毅然辞官，带着母亲回乡。回乡途中，母子二人路过一道山涧时，突然一阵清香飘来，使人心情大为舒畅。母子二人觉得这里安宁舒适，就如世外桃源一般，便决定定居在这里。

可是不久之后，毛义的母亲就生了场大病，一直卧病在床，吃了很多药都不见好，毛义十分着急。有一晚，他在梦中见到一个仙人，仙人告诉他，他家门口有一种仙茶，泡水喝了之后就可以治好他母亲的病。第二天

毛义醒来后,赶紧去找仙茶,可是找来找去,也没有发现附近有茶树。正当他发愁时,忽然发现家门口种的白牡丹都变成了茶树,发出阵阵清香。他试着将其采下泡成茶给母亲饮用,不久以后,母亲的病果真好了。母子俩十分感激,每天悉心照顾这些茶树,还将做好的茶起名为"白牡丹",送给附近的乡亲一起饮用。

根据《白茶》(GB/T 22291—2017)的标准,白牡丹分为特级、一级、二级、三级,一共四个等级,如表6-4所示。

表6-4 白牡丹的等级及品质特点

等级	品质特点
特级	毫心多肥壮、叶背多绒毛,香气纯爽、毫香显,滋味清甜醇爽,汤色黄亮清澈
一级	毫心较显、尚壮,香气纯爽、有毫香,滋味较清甜醇爽,汤色尚黄
二级	毫心尚显、叶张尚嫩,香气浓纯、略有毫香,滋味尚清甜、醇厚,汤色橙黄
三级	叶缘略卷、有平展叶和破张叶,香气尚浓纯,滋味尚厚,汤色尚橙黄

在民间,茶农一般把特级白牡丹叫作"牡丹王",它的品质在白茶中仅次于白毫银针,芽头细长粗壮,两边的叶片比较小,白毫密集,所以牡丹王的香气主要为毫香。

(二)茶之饮

白牡丹既有嫩芽的鲜爽,又有成熟叶的熟香,冲泡水温在90—95℃之间最合适。茶水比约为1∶30。

冲泡前要先温具,白牡丹可以不洗茶,对着碗沿,定点低冲注水,这样冲泡茶汤清醇甜爽,茶韵悠长,滋味更醇厚。

白牡丹香气浓郁,出汤要快,从注水开始,第一泡20秒出汤,第二泡15秒出汤,之后每泡的冲泡时间可延长5秒。

(三)茶之赏

白牡丹的干茶外形:两叶抱一芽,形态自然,叶背茸毛洁白,色泽呈深灰绿或暗青苔色,绿叶夹银白毫心。

白牡丹的汤色:杏黄明亮或橙黄清澈。

白牡丹的叶底性状:嫩匀完整,叶脉微红。

白牡丹的茶汤滋味:鲜醇清甜,毫味足。

白牡丹的茶汤香气:清鲜纯正,毫香、花香显著。

白牡丹的干茶如图 6-7 所示。

图 6-7　白牡丹干茶

二、昔日贡品——贡眉

（一）茶之源

贡眉是白茶中产量最高的一个品种,约占白茶总产量的一半以上。菜茶的茶芽曾经用来制造白毫银针等品种,但后来改用大白茶树上的嫩芽来制作白毫银针和白牡丹,而菜茶就用来制作贡眉了。通常来说,贡眉质量优于寿眉,但近年来一般只称贡眉,而不再有寿眉。

贡眉的原料是头春的第一茬原料,不是用制作完白毫银针的余叶制作的,所以成茶皆含茶芽,外形娇美,甜爽耐泡。

贡眉有"春水秋香"的特质,"春水"指的是春天茶树经过一个冬天的休养之后,叶子当中的茶多酚、氨基酸、维生素等物质储存充分,冲泡的茶汤更加饱满、细腻。而"秋香"则指茶树经过夏季的酷热之后,到了白露前后又开始进入生长佳期,鲜叶香气高扬。

（二）茶之饮

贡眉宜选用盖碗进行冲泡,建议茶水比为 1∶25,水温 95℃,前两泡即冲即出,第三泡起每泡增加 5 秒出汤。

（三）茶之赏

贡眉的干茶外形:色灰绿或翠绿,鲜艳有光泽,毫心洁白,边缘略带垂卷,叶面有波纹。

贡眉的茶汤颜色:黄色或橙色。

贡眉的叶底性状：黄绿,柔软匀亮。

贡眉的茶汤香气：鲜嫩,有毫香。

贡眉的茶汤滋味：醇厚甘甜。

贡眉的干茶如图 6-8 所示。

图 6-8　贡眉干茶

三、我很丑,但很温柔——寿眉

(一)茶之源

寿眉主产于福建省宁德市的柘荣县和福鼎市,以及南平市的政和县、建阳区、松溪县等地,也称"粗婆茶",是当地茶农的"口粮茶"。上山干活之前,煮上一大桶带到山上,渴了就舀上一大碗,非常解渴。

寿眉因形似老人的眉毛而得名,不过这是过去,当时选用的原料是由当地的小菜茶品种的鲜叶制成的,叶片较小,茶梗较细,所以会像老人的眉毛。而按照现在的生产标准,采自当地小菜茶的鲜叶只能制成贡眉了,不再制成寿眉。

如今的寿眉以大白茶、水仙等优势茶树品种的一芽四、五叶或开面茶或粗老茶为原料,结合白茶加工工艺制成,外形看上去多粗枝大叶,叶片较为肥大,茶梗长、粗,没有毫心。

寿眉是茶中极简主义的代表。鲜叶经过萎凋(微发酵)、干燥即制成该茶,保留了茶叶最自然的风味。

寿眉的外形酷似落叶,叶色以灰绿色为主,形状稍卷曲,有自然美。寿眉的采摘时间通常较晚,最早也得在4月下旬,分为春秋两季采摘,并且秋季采摘期长,横跨8—10月。

寿眉制成茶饼之后的陈化速度快于其他三类白茶。这是因为茶梗对于茶饼的陈化有一定帮助,一定量的茶梗能使茶饼空隙增加,使茶饼内部的茶叶能接触到微量空气,而白茶的陈化需要少量的空气。茶梗中的糖类物质含量高,因此寿眉的口感也很不错。

寿眉新茶滋味以甘甜为主,略有清香和花香。寿眉陈茶的滋味由甘甜和清香转为醇和温润,煮过之后有糯香、枣香、药香。汤色逐渐由浅黄到橙黄,再到橙红。七八泡之后,汤色不变浅,反而透出酒红色,香味愈加醇厚。

(二)茶之饮

寿眉较为粗老,可用盖碗冲泡法或者煮饮法冲泡。

1.盖碗冲泡法

盖碗冲泡选择的茶具为常见的白瓷盖碗,茶水比为1∶20,最重要的一点是润茶要到位。因为寿眉含水量低,润茶充分才能使叶片中的内含物均匀渗出,从而得到好的茶汤。一般建议润茶时间为30秒。

润茶完毕,就可以冲泡和品饮了。用沸水冲泡,第一泡30秒出汤。冲泡的寿眉茶汤有淡淡的甜香,微微的苦涩味会带来甜蜜的回甘,饮后口腔和喉部长久留香。

2.煮饮法

存放三年以上的寿眉适合煮着喝。煮茶可以用明火、炭火,比较方便的是用电陶炉,煮茶的壶建议用银壶、陶壶或玻璃壶,一般铁壶不建议煮茶用。茶水比建议在1∶150,同样可以先润茶,后用冷水煮茶,冷水慢慢加热的过程,会让茶叶里不同的物质缓慢渗出,茶汤更添鲜爽滋味。如果直接用沸水煮茶,则不易出鲜味。

大火加温煮沸后,即关文火慢煲40分钟左右,关火后静置2分钟即可出汤饮用。这样煮出来的寿眉,有浓郁的枣香,茶汤顺滑、甜糯。

(三)茶之赏

寿眉的干茶外形:少有毫心,色泽灰绿。

寿眉的茶汤颜色:橙黄或深黄。

寿眉的叶底性状：匀整、柔软、鲜亮。

寿眉的茶汤香气：鲜纯。

寿眉的茶汤滋味：醇爽。

寿眉的干茶如图 6-9 所示。

图 6-9　寿眉干茶

任务实施

茶样识别

1. 备器

表 6-5　需准备的器具

器具类别	名称	规格	数量
审评器具	茶盘	白色木质 30cm×30cm	5
	茶样	白茶茶样	4

2. 识茶

在规定时间内，辨认出陈列的 4 种白茶品种及其产地，能够简单描述其品质特征。

表 6-6 白茶识别评分表

项目	要求和评分标准	分值	组内评分	教师评分	最终得分
茶样辨识 （40 分）	规范摆放及整理茶样、茶盘	10			
	观察干茶外形，准确说出 4 种白茶的名字及产地	30			
描述特点 （30 分）	说出指定白茶的干茶外形特点	20			
	说出指定白茶冲泡后的滋味特点	20			
推介茶品 （30 分）	结合产地与品质特点，介绍一款自己喜欢的白茶	15			
	简述这款白茶的加工工艺	15			
合计		100			

考核日期：   考核人：

任务四 事茶

任 务 布 置

①了解茶会的种类与茶会设计的方法

②组织和实施一场无我茶会

任 务 分 析

　　茶会是一场关于茶的盛宴，也是一场关于茶的雅集。从茶席的布置、插花、煮水到泡茶、分茶、品茗、回味，都需认真准备与实施，主客双方都需怀着真诚的心来对待茶会。

　　唐代饮茶之风盛行，茶宴十分流行，宾主在各种高雅的社交场合品茗赏景，倾吐胸臆。唐代吕温在《三月三日茶宴序》中对茶宴的优雅氛围和品茶的美妙韵味做了非常生动的描绘。当时，人们对饮茶的环境、礼节、泡茶方式等都已很有讲究，有了一些约定俗成的规矩和仪式，茶宴已有宫廷茶宴、寺院茶宴、文人茶宴之分。

现如今,茶会根据品茗方式可以分为流水式茶会、座席式茶会、游园式茶会等,根据茶会性质可以分为纯品茗会和无我茶会等。

一、无我茶会

(一)无我茶会概述

无我茶会是一类人人泡茶、人人奉茶、人人品茶的茶会,最早于 20 世纪 90 年代初于我国台湾地区兴起,后流传到大陆,以及日本、韩国等地。

(二)无我茶会的基本形式

(1)茶友围成圈,人人泡茶,人人奉茶,人人品茶。

(2)到了会场临时抽签决定座次。

(3)茶友自备茶具、茶叶、泡茶用水。

(4)事先约定泡茶杯数、泡茶次数、奉茶方法、奉茶方向。

(5)席间没有指挥与司仪,一切按排定的程序进行。

(6)安静泡茶,席间不语。

(三)无我茶会的精神

1.无尊卑之分——抽签决定座次

无我茶会不设贵宾席,茶会参与者在茶会开始前通过抽签决定座次,不能挑选在中心地还是边缘地,在干燥平坦处还是潮湿低洼处。自己奉茶给谁喝和自己喝谁奉的茶事先不知道。因此,不论肤色国籍,不论性别年龄,不论职业职务,人人都享有平等的待遇。

2.无报偿之心——依同一方向奉茶

泡完茶,大家依同一方向奉茶。可以约定,每个人将所泡的茶奉给左边的茶友,即自己所品之茶来自右边茶友,人人都为他人服务,而不求对方报偿。这是一种"无所为而为"的奉茶方式,是放淡报偿之心的做法。

3.无好恶之心——接纳并欣赏每一杯茶

无我茶会的茶是茶友自己带来的,且公告事项上已注明种类不限。每人品赏四杯不同的茶。由于茶类和沏泡技艺的差别,不同的茶滋味是不一样的,但每个参与人员都要以愉快的心情接纳每一杯茶,以客观的心情欣赏每一杯茶,用心感受别人的长处,不能只喝自己喜欢的茶,而厌恶别的茶。

4.求精进之心——努力泡好每一道茶

自己每泡一道茶,都要品一杯,要时刻检讨每杯茶的冲泡质量,了解自己泡的茶与他人泡的茶相比有何不足,对自己的茶艺做到精益求精。

5.遵守公共约定——不设司仪

无我茶会不设指挥和司仪,茶友们都是按事先阅读过的公告行事,养成自觉遵守公共约定的习惯。

6.培养默契、体现团体律动之美——席间不语

茶会进行时,参与者皆不说话,大家照面只需鞠个躬,微微一笑就可以。重点在于用心泡茶、奉茶、品茶,时时调整动作的快慢和节奏,约束自己,配合他人,使整个茶会节奏一致。人人心灵相通,即使有几百人、上千人,茶会亦能保持宁静、祥和的会场气氛。

7.无流派与地域之分——不拘泥于某一种泡茶方式

无我茶会的泡茶方式是不受限制的。不同流派、地域的人均可围坐在一起泡茶,并且相互观摩,品饮不同风格的茶,交流泡好茶的经验,真正起到以茶会友、以茶联谊的作用。

二、举办无我茶会的准备工作

(一)场地的准备

根据场地情况,画好规划图,设计好泡茶队形,并标上号码。

品茗后如安排音乐欣赏,则放置音响时要避免回音的干扰。

(二)与会者的会前准备

参加无我茶会时的穿着要配合茶会的性质。若是正式的茶会,要穿正式一点的服装;若是一些好友相聚,则穿着休闲一点无妨。尤其注意鞋子要挑选穿脱方便的款式。

个人携带的茶具要简便,这样就不会把很多时间花在茶具的准备、操作与收拾上,才有更多的时间体会、享受茶会的氛围。

与会者不必特意去买高档茶,但是有异味、自己不喜欢的茶是不能带来参与茶会的。

在无我茶会上泡茶可以使用简便的泡茶法,省略赏茶、闻香、烫杯等环节。

要想轻松愉快地享受无我茶会,除了不要有太多社交性的目的外,还要有下列准备。①熟知无我茶会的规则。②备妥所需的茶具,保证茶具功能

完善。如果茶盅断水功能不良,奉茶时茶汤就会到处滴落;如果滤渣功能不佳,茶汤就会倒得不顺畅,杯里茶渣也会很多。③熟练掌握泡茶技艺。能准确预估泡茶水量和冲泡温度。④让自己坐得舒服。不论采取何种坐姿,都要进行预练习,使自己坐立自如,否则易双脚发麻、疼痛。

（三）主办单位的会前准备

（1）根据无我茶会举办的目的与动机,拟定无我茶会的名称。

（2）无我茶会按工作分配可以分为主办单位、召集人、场地组、会务组、联谊组、生活组、记录组、会后活动安排组等,要将具体工作逐一落实到相关人员。

（3）制作公告事项,具体包括茶会名称、时间、地点、人数预估、泡茶要求、就座方式、品茗后活动、雨天的应变方案等。

（4）举办会前说明会,并实际演练茶会的程序。

（5）为掌握各项会前的准备工作,将各项任务列在表格上,逐项核对,以防遗漏。

（6）查看以前的无我茶会记录,如公告事项、签名簿、重点照片与录像等,为完善本次无我茶会做准备。

三、无我茶会的基本流程

（一）抽签、签名、入场

无我茶会的报到手续包括注册、对时、抽签与签名,或在无我茶会的参与凭证上盖章。抽签是抽座位的号码签,用以决定每人的泡茶位置,一般以小纸片写上编号折成小方块放进签袋即可。也可将号码签做得具有纪念意义,与会者会后可以留作纪念。

（二）入场铺席

就位时,将坐垫(不是垫布)前缘的中间点与号码牌对齐,背包放在座位右侧,跪坐。

（三）备具

将茶具按规定进行有序摆放。

（四）茶具观摩

备具完毕,可离席参观其他茶友的茶具并相互交流。欣赏茶具时,不要用手触摸,或是拿起来观看,一方面是基于卫生的要求,另一方面是避免失手打破。

（五）泡茶

若茶盘为正方形，则按右上、左上、左下、右下的顺序将茶汤倒入 4 只杯内；若茶盘为长方形，茶杯按一字形放置，则从左到右依次将茶汤倒入杯子。

（六）奉茶

用双手端起茶盘站起，走至座席前，向左边奉茶给三位茶友，剩下的一杯端回留给自己。奉茶时，走到每位茶友身边，左脚向前踏一步，随即蹲下，茶盘搁在左腿上，依次将茶端给三位茶友。如果要奉茶的人也去奉茶了，那就将茶放在对方的泡茶巾上；如果要奉茶的人在场，则先相互致礼，再奉茶，再行礼。第二、第三道茶用茶盅奉茶（采用小杯泡法及小盖碗泡法，用小水壶添水）。茶盅放在茶盘前端，茶巾放在茶盅后面，端起盘走到左边茶友面前，将茶倒入原先的杯内。奉完三道茶，回座位喝完自己的最后一道茶，静坐一段时间，待演奏曲目全部结束之后，再擦拭自己用过的杯子。

（七）收具

端起奉茶盘，收回自己的奉茶杯。回座后，喝完自己泡的剩余茶，或倒入热水瓶中，将茶具一一收好，放入背包内。将号码标志及小礼品、用过的废纸等全部带回处理，保持场地清洁。

任务实施

设计并组织班级无我茶会。

表 6-7 无我茶会的主要内容及标准

操作步骤	主要内容及标准
场地选择	根据场地实际情况，画出示意图，安排座次
备具	根据无我茶会的特点，备好茶具及水
入场布具	抽签入场，找到对应号牌，按规定布具
茶具观摩	与茶友进行互动，互相观摩茶具、茶席
泡茶	平心静气地冲泡所带茶品
奉茶	将三杯茶依次奉给自己左边的三位茶友，留一杯自己品
收具离场	按规范收好茶具，清理现场，保持卫生

任务评价

表 6-8　茶会组织评价表

内容	考核要点	分值	组间互评	教师评价	最终得分
准备工作	主办方和与会者准备充分,细节考虑完善	30			
茶会流程	流程完整、体会茶会主题和精神	40			
泡茶方法	根据所选茶品进行合适的冲泡	30			
总分		100			

考核日期：　　　　　　　　　　　考核人：

项目七
一杯黄茶习得谦逊

一部《红楼梦》,满纸茶叶香。爱喝茶又爱读《红楼梦》的朋友,一定有这种感受。的确,作为《红楼梦》的作者,曹雪芹不仅有登峰造极的文学修养,还是一位非常懂茶的"茶痴"。书中就茶事一项,便有近500处翔实生动的描述。

不过,在《红楼梦》诸多关于茶的描述中,有一种茶一直引发"茶圈"的争论,那就是贾母喝的老君眉,那到底是什么茶?在《红楼梦》第四十一回中,妙玉为贾母奉茶。贾母说道:"我不吃六安茶。"妙玉笑着回答说:"知道,这是老君眉。"

你知道这里提到的"老君眉"是什么茶吗?

任务一　品茶

任务布置

①了解莫干黄芽的加工方式和品质特点
②掌握莫干黄芽的冲泡技巧
③能正确地进行茶事服务并推介莫干黄芽

任务分析

一、莫干黄芽的产地与由来

浙江的莫干山自古产茶,早在晋代就有僧侣上莫干山结庵种茶。《茶

221

经》记载："浙西以湖州上。"湖州的茶叶质量在陆羽的眼中超过了西湖龙井茶、碧螺春等。明末清初，吴康侯的《游天池寺登莫干山记》有"山有古塔遗迹，俗呼塔山，实则莫干之顶矣。寺僧种茶其上，茶吸云雾，其芳烈十倍"的记载，塔山即莫干山主峰。

20世纪初，莫干山成为著名的避暑胜地，莫干山区农民采制的细嫩芽茶（时称"莫干山芽茶"）为中外客商所争购。中华人民共和国成立后，莫干山茶区改制绿茶，只有部分世代居住在莫干山上的山民，仍每年采摘高山林荫中的野茶，炒制少量莫干山芽茶。

1979年，当时的浙江农业大学庄晚芳、张堂恒两位教授带领学生与德清县农业科技人员成功试制莫干黄芽。莫干黄芽堪与"西湖龙井"媲美。1979—1982年，该茶连续四年被浙江省有关部门评为一类名茶，在1982年浙江省首批"省级名茶"评比中名列前茅。2017年，莫干黄芽获农业部农产品地理标志登记保护。

莫干黄芽是采自竹林中的茶。莫干山地处天目山区，为天目山脉的余脉。作为国家级生态保护区，莫干山的森林覆盖率达92%，拥有成片的竹海，莫干黄芽茶园如碧玉，一片片地镶嵌在翠绿的竹海林荫之中。大竹海构成一道天然屏障，营造了茶区小气候，山区夏季平均最高气温为26℃，素有"清凉世界"之称，年降水量在1400—1800毫米，常年云雾缭绕。山区以黄泥沙土为主，土层深厚，通透性好，土壤呈酸性，pH值在5.5—6.3之间，适宜茶树生长。另有红黄泥土、石沙土等。在海拔600米以上的山巅，还有山地黄泥沙土和山地乌黄泥沙土，土壤肥沃、疏松，有机质含量在2.5%以上。良好的生态环境，造就了莫干黄芽这一名茶独特的自然品质。

作为湖州历史名茶，莫干黄芽也曾有过一段时间的辉煌。但由于广大消费者对黄茶的认知非常有限，加上市场对绿茶的追捧和对"品相"的苛求，以及经济效益影响等因素，莫干黄芽日渐式微。好在历经多年的沉寂后，内质优秀、韵味醇厚的黄茶再度从记忆中被唤醒。如今，莫干黄芽连同紫笋茶、安吉白茶一道成为湖州名茶的"三朵奇葩"。

二、莫干黄芽的加工工艺

莫干黄芽对鲜叶采摘的要求很高，清明前后采制的茶方可称为"芽茶"，夏初所采制的称为"梅尖"，七八月采制的称为"秋白"，十月采制的称"小春"。春茶又有芽茶、毛尖之分，以芽茶最为细嫩，于清明前后采摘一芽一叶和一芽二叶。一等莫干黄芽以初展的一芽一叶为原料。

莫干黄芽的工艺流程如下。

(1)摊青。鲜叶进厂时应按标准验收,分级后立即摊青。不同等级的鲜叶应分别摊青。鲜叶应摊放在竹匾或通风槽上,均匀薄摊。避免阳光直射。摊青失重率一般为13%—18%。

(2)杀青。杀青的要点是高温、快速,以杀青叶保持绿翠为原则,程度匀、透,无红梗红叶、焦叶焦边。杀青失重率一般为40%—45%。杀青后立即摊凉。

(3)揉捻。揉捻加压掌握"轻—重—轻"原则,防止芽叶断碎。特级茶成条率为85%—95%,其他级别的茶成条率在80%以上。

(4)加温闷黄。将揉捻叶用专用清洁纯棉布包裹。闷黄设备为闷黄过程提供稳定的温度,烘闷茶团至转黄,中途可适当翻动透气。有的揉前堆积闷黄,有的揉后堆积或久摊闷黄,有的初烘后堆积闷黄,有的再烘时闷黄。

(5)初烘。揉捻(闷黄)叶初烘的温度需先高后低。烘干叶含水量一般为30%。烘干叶要及时分筛、摊凉。

(6)做形。做形可用平锅或理条机等进行。二级茶可用斜锅或曲毫机做形。温度先高后低。理条程度以茶条紧结、匀整,失重率在10%—15%为宜。

(7)足干。理条叶适当摊放后烘干,制成的干茶含水量应小于等于6.5%。

(8)干茶整理。干茶及时分筛、去片末,干茶碎末茶含量应小于等于1.5%。

三、莫干黄芽的品质特点及功效

特级莫干黄芽外形紧实,大小匀称,犹如莲心。色泽黄绿油润,黄毫显露,芽叶成朵。汤色橙黄明亮,清香芳烈。细细品尝,其味鲜爽、甘醇,有提神醒目之功效。2018年行业标准《莫干黄芽茶》(GH/T 1235—2018)颁布,其中对莫干黄芽茶的质量等级进行了规定,分为特级、一级和二级,如表7-1所示。

表 7-1 莫干黄芽等级及品质特点

等级	品质特点
特级	外形细紧卷曲、匀整,色泽嫩、黄、润,香气清甜,汤色嫩黄明亮,滋味甘醇,叶底嫩黄明亮

等级	品质特点
一级	外形紧结卷曲、较匀整,色泽尚黄润,香气清纯,汤色黄、明亮,滋味醇爽,叶底嫩匀、稍黄、明亮
二级	外形尚紧结卷曲、尚匀整,色泽尚黄,香气尚清纯,汤色黄、较亮,滋味尚醇,叶底尚嫩匀、较黄亮

莫干黄芽在炒制过程中会产生大量的消化酶,因此对脾胃益处多多,适合消化不良、食欲不振者饮用。

莫干黄芽干茶如图 7-1 所示。

图 7-1　莫干黄芽干茶

四、莫干黄芽的冲泡方法

莫干黄芽经过特殊加工,茶多酚、叶绿素等物质部分氧化,具有"黄叶黄汤"的品质,冲泡水温控制在 85℃即可,以免烫伤茶芽。在冲泡前,首先要温杯,以保持合适的温度来进行冲泡。冲泡后,要将玻璃盖盖在茶杯上,保证温度不至于下降过快。莫干黄芽具有观赏性,适合用玻璃杯泡。

任务实施

莫干黄芽玻璃杯冲泡法

1. 备具

(1)备器。

表 7-2 需准备的器具

器具类别	名称	规格	数量
主泡器具	玻璃杯	200ml,带盖	3
	杯垫	木质或玻璃质地	3
	水盂	500ml	1
	随手泡	1000ml	1
辅助器具	茶荷	白瓷或竹木质	1
	茶拨	竹木质	1
	茶仓	瓷或竹木质,容量约50ml	1
	茶巾	棉麻质地	1
装饰器具	茶席、桌旗	防水质地	
	插花	中式插花	1

(2)备茶。

茶叶用量没有统一标准,视茶具大小、茶叶种类和个人喜好而定。

一般来说,冲泡莫干黄芽,茶水比为1:50—1:60,这样冲泡出来的茶汤浓淡适中,口感鲜醇。新手可用电子秤辅助,称取3克茶叶。在专业的黄茶审评中,茶水比是1:50。

(3)择水。

冲泡莫干黄芽,可以选用矿物质含量较低的弱碱性水,或者经过净化处理的纯净水。

(4)候汤。

因为莫干黄芽茶芽细嫩,若用滚烫的开水直接冲泡,会破坏茶芽中的维生素,造成熟汤失味,因此冲泡的水温不能过高,最好在85℃左右。可将开水壶中的水预先倒入瓷壶养一会儿,使水温降至85℃左右。

2.行茶

莫干黄芽冲泡的主要操作步骤、操作内容及操作要点如下。

（1）布具。

①席面布置合理、美观、有序，符合操作要求。②器具码放遵循"里高外低""左手干器右手湿器"的原则，茶具可以码放为正方形或者发散形，品茗杯可以码放为一字形或三角形。③遵循"先码放的器具后取"的原则。

操作要点：布具要遵循干净、美观、实用、便于操作的原则。

（2）行礼。按照茶艺服务的标准礼仪行礼。

（3）翻杯。可以单手翻杯，也可以双手翻杯。选择适合自己的手法，注意动作的美感。翻杯时小心将茶托带起，以免有清脆的声音破坏泡茶氛围。翻杯顺序遵循"从外向内、从左到右"的原则。单手翻杯时，要注意有护腕动作。

（4）赏茶。使用的器具包括茶叶罐、茶则、茶荷等。倾斜旋转茶叶罐，使用茶则将茶叶拨入茶荷。此环节在于引导品饮者欣赏干茶的外形、成色、嫩度、匀度，嗅闻干茶香气。可以简要介绍茶叶的品质特征、文化背景、典故传说等。

（5）温杯。加水到茶杯的1/3处。右手主握茶杯，左手护住手腕，在平面上逆时针旋转360°，然后将水倒至水盂中。

操作要点：水温要高，否则不能达到洁具和提高杯温的效果。

（6）置茶。使用的器具包括品茗杯和茶则。倾斜茶荷（茶荷出茶口冲向品茗杯侧），使用茶则将茶叶均匀拨入玻璃杯，小心掉茶渣。

（7）浸润泡。右手把壶，注意拇指扣壶柄，其他四指平行握壶把。逆时针低斟水至杯具的1/2处。盖玻璃杯盖，使芽茶均匀吸水，快速下沉。

（8）冲泡。使用"凤凰三点头"的手法，冲入水杯内的水在总容量的七成左右，意为"七分茶、三分情"。具体操作：提腕使开水壶上升，接着压手腕将水壶靠近茶杯，继续斟水，如此反复3次，恰好注入所需水量。

（9）奉茶。使用奉茶盘奉茶，注意奉茶礼仪，使用礼貌用语。注意手不可碰到杯口。黄茶冲泡次数一般以3—4次为宜。

任务评价

表 7-3　茶艺技能考核表（黄茶玻璃杯泡法）

序号	鉴定内容	考核要点	配分	考核评分的标准	扣分	得分
1	仪表及礼仪	①发饰端庄、典雅 ②服饰得体，与该套茶艺文化特色相协调 ③手势、坐姿、站姿、走姿端正大方	10	①着装得体，长发束起，不能披头散发 ②眼神平视、表情镇定，神态避免木讷、平淡 ③身体语言得体 ④注意礼仪、行礼姿态 ⑤手势中不要有多余动作 ⑥坐姿得体，不要摇摆		
2	茶具配套、摆放技能	①茶具配套齐全，准备利索 ②摆设位置正确、美观	10	①茶具配套齐全，摆放整齐 ②茶具排列整齐 ③茶具取用注意卫生细节 ④茶具取用后注意复位顺序		
3	量茶择水	根据茶性，选择和掌握好沏泡用水及水温	10	①取茶顺序正确，茶叶量适中 ②取水时手法、路线正确，注意卫生		
4	茶艺演示	①演示过程顺畅 ②演示动作表现得当，体现艺术特色	50	①赏茶：茶叶不落 ②温杯：注意拿取手势，动作幅度不宜过大 ③浸润泡：茶水比适量，注水量一致 ④冲泡："凤凰三点头"姿势优美，水不洒不断 ⑤奉茶：行为恰当，礼貌用语 ⑥整体具有艺术感，动作流畅不断，过程中器具没有碰撞、跌落		
5	收具	收具整理符合要求	10	收具顺序错乱，视情况扣1—3分		
6	茶汤质量	茶汤品质发挥得当	10	①茶汤色、香、味不佳扣2—4分 ②奉茶量适宜，茶汤过量，温度过凉扣2—4分		
合　计			100			

姓名：　　　　　　　　　班级：　　　　　　　测试内容：玻璃杯
考核日期：　　　　　　　　　　　　　　　　考核人：

任务二　识茶

任务布置

①熟悉黄茶的加工方式和品质特点

②了解黄茶的分布地区及分类

③能正确介绍黄茶

任务分析

一、黄茶的产生与发展

黄茶干茶色泽黄亮,汤色和叶底呈黄色,发酵程度约为 10%。因产量低,是非常珍贵的一类茶叶。

历史上最早记载的"黄茶",不同于现在的黄茶,而是以茶树品种的原有特征——茶树生长的芽叶自然显露黄色而言的。如在唐朝享有盛名的安徽寿州黄茶。在未产生系统的茶叶分类理论之前,黄叶黄汤的青茶,采制粗老的绿茶和绿茶陈茶,都曾被误认为黄茶。

黄茶的诞生颇为巧合,是在生产绿茶时制作工艺出现偏差而偶然得到的。但是黄茶与绿茶的口感、汤色和外观都有很大区别。

按照鲜叶原料大小和老嫩程度不同,黄茶可分为黄芽茶、黄小茶和黄大茶三类。其中,黄芽茶主要包括君山银针、蒙顶黄芽、莫干黄芽、霍山黄芽等,黄小茶包括沩山毛尖、雅安黄茶等,黄大茶包括霍山黄大茶、广东大叶青等。

二、黄茶的制作工艺

黄茶的品质特点是黄汤黄叶。黄茶的加工工艺近似绿茶,主要包括鲜叶采摘、杀青、揉捻、闷黄、干燥等工序。其中,闷黄是制作黄茶的核心工序,其原理在于利用湿热作用促使多酚类化合物产生非酶氧化,同时促进叶中其他内含物转化,产生一些有色物质。

（一）杀青

杀青可以蒸发鲜叶中的一部分水分,去除青草气,对于香味的形成有重要作用。虽然杀青温度不是太高,但会破坏酶的活性,制止酶性氧化反应。

228

在杀青初期和杀青后,残余酶的作用只是短暂且极其有限的,起主导作用的是湿热促进的叶内化学反应。

（二）揉捻

黄茶的揉捻通常采用热揉,在湿热条件下易揉捻成条,也不影响品质。同时,揉捻后叶温较高,有利于加速其重要工序——闷黄。目前,除名茶仍坚持手工揉捻之外,大部分的茶类揉捻作业已实现机械化。

但并不是所有黄茶都有揉捻环节,如君山银针和蒙顶黄芽就没有这道工序,黄大茶在锅内边炒边揉捻,也没有独立的揉捻工序。

（三）闷黄

闷黄是黄茶制法的特殊流程,是形成黄叶黄汤的关键工序,主要可分为湿坯闷黄和干坯闷黄。湿坯闷黄是指在杀青后,或热揉或堆闷,使叶子变黄。沩山毛尖杀青后热堆,经6—8小时即可变黄;平阳黄汤杀青后,趁热快揉、重揉,堆闷于竹篓内1—2小时就变黄;北港毛尖炒揉后,覆盖棉衣半小时(俗称"拍汗"),也迅速变黄。

由于水分少,干坯闷黄(如图7-2所示)变化较慢,故而黄变时间较长。如君山银针,初烘至六七成干,闷黄40—48小时后,复烘至八成干,闷黄24小时,才达到黄变要求。黄大茶初烘至七八成干,趁热装进高深口小的篓篮内闷堆,置于烘房5—7天,促其黄变。霍山黄芽烘至七成干,堆积1—2天才能变黄。

图 7-2　用牛皮纸闷黄

针对不同的茶叶,闷黄方法不一,但殊途同归,都是为了形成良好的黄叶黄汤品质。影响闷黄的因素主要有茶叶的含水量和叶温。含水量越大,叶温越高,则湿热条件下的黄变过程也越快。

(四)干燥

黄茶的干燥一般分几次进行,温度也比其他茶类低。毛火指低温烘炒,足火指高温烘炒。干燥的温度先低后高。这是黄茶形成香味的重要步骤。

三、黄茶的分类

从外形看,黄茶根据鲜叶老嫩、芽叶大小可分为黄芽茶、黄小茶和黄大茶。

(一)黄芽茶

黄芽茶是以细嫩的单芽或一芽一叶为原料制作而成的黄茶,嫩芽色黄而多白毫,故名黄芽。茶叶细嫩,显毫,香味鲜醇,类似玉米香。

(二)黄小茶

黄小茶多以一芽一叶、一芽二叶为原料加工而成,其品质不及黄芽茶,但明显优于黄大茶。黄小茶成茶的外形芽壮叶肥,毫尖显露,呈金黄色,汤色橙黄,香气清新,味道醇厚、甘甜、爽口。

(三)黄大茶

黄大茶创制于明代隆庆年间。茶叶外形要求大枝大叶,鲜叶采摘标准为一芽二三叶至四五叶,一般长度在10—13厘米。以外形梗壮叶肥、叶片成条为好,梗叶相连,形似钓鱼钩,金黄显褐,色泽油润,汤色深黄显褐,叶底具有浓烈的老火香(俗称"锅巴香")。

茶 思 政

如黄茶一般谦逊的人格魅力

黄茶是六大茶类中最低调、最小众的一类茶。其不张扬、不外秀的品格亦值得我们学习。

1986年底,刚从大学毕业的21岁记者胡宏伟,受工作安排采访当时已经赫赫有名的鲁冠球。这样一位新闻人物,面对刚参加工作的年轻记者的采访提问,是低下身去听的。这让胡宏伟第一次感受到鲁冠球的人格魅力。"他是一个好人。"在胡宏伟这里,"好人"并不是一个简单易得的评价。"鲁冠球最强大的不是商业成功,而是道德力量、人格力量,这是最可贵的。"

任务实施

对黄茶的加工、分类以及品质特点进行简单介绍。

任务评价

表 7-4 黄茶知识介绍评价表

项目		评价内容	组内互评	小组评价	教师评价
知识	应知应会	黄茶的加工	优□良□差□	优□良□差□	优□良□差□
		黄茶的分类	优□良□差□	优□良□差□	优□良□差□
能力	收集、整理、表述	查找	优□良□差□	优□良□差□	优□良□差□
		分析	优□良□差□	优□良□差□	优□良□差□
		归纳	优□良□差□	优□良□差□	优□良□差□
		整理	优□良□差□	优□良□差□	优□良□差□
		表述	优□良□差□	优□良□差□	优□良□差□
态度		积极主动、热情礼貌	优□良□差□	优□良□差□	优□良□差□
		有问必答、耐心服务	优□良□差□	优□良□差□	优□良□差□
提升与建议				综合评价	优□良□差□

考核日期：   考核人：

任务三　赏茶

任务布置

①了解国内黄茶的代表名茶
②能够辨认 5 种名优黄茶
③能够正确推介名优黄茶

一、茶中贵族——君山银针

(一)茶之源

君山银针产于湖南岳阳洞庭湖的君山。当地所产之茶形似针,满披白毫,故称君山银针。其品质特征是:芽头肥壮挺直,重实匀齐,芽身金黄明亮,银毫满披;汤色橙黄明亮,香气清鲜,味甜爽。在玻璃杯中冲泡时,初始芽尖冲上水面,悬空树立;随后竖沉于水底,下沉时如雪花下坠,忽升忽降,最多可达三次,有"三起三落"之称,最后徐徐竖沉于杯底,如鲜笋出土,又如银刀直立。

君山银针的采摘和制作都有严格要求,每年只能在清明前后7—10天采摘,采摘标准为春茶的首轮嫩芽。制作工艺精细,分杀青、摊凉、初烘、闷黄、复烘、摊凉、再次闷黄、足火干燥八道工序,全程历时4天左右。

(二)茶之饮

冲泡君山银针,茶具宜用透明的玻璃杯,杯子高10—15厘米,杯口直径为4—6厘米。每杯用茶量在3克左右,太多或太少都不利于欣赏茶的身姿。

1.温杯洁具

准备一个高直的玻璃杯,冲入少量开水,轻微旋转杯身,浸润之后倒掉。

2.投茶

取3克君山银针,用茶匙、茶则将茶叶均匀投入玻璃杯中。

3.润茶

往玻璃杯中加入1/3的水,水温为80—85℃(开水稍凉后即可冲泡),晃动玻璃杯,使茶芽浸透。

4.冲泡

稍后,再冲水至玻璃杯的七八分满。为使茶芽均匀吸水,加速下沉,可用玻璃片盖在茶杯上,5分钟后,去掉玻璃片。在水和热的作用下,君山银针茶姿的形态、茶芽的沉浮、气泡的发生等,都是其他茶不常见到的,这是在冲泡时属于君山银针特有的感官享受。

（三）茶之赏

君山银针的干茶外形：全芽头，大小均匀，芽头肥壮挺直，满披茸毛，色泽金黄。

君山银针的茶汤颜色：橙黄明亮。

君山银针的叶底性状：嫩黄明亮、匀齐。

君山银针的茶汤香气：清香浓郁。

君山银针的茶汤滋味：甘甜醇爽。

君山银针的干茶及茶汤如图 7-3 所示。

图 7-3　君山银针干茶及茶汤

二、千年贡茶——蒙顶黄芽

（一）茶之源

蒙顶黄芽产于四川省雅安市蒙顶山。蒙顶山山势巍峨，峰峦挺秀，绝壑飞瀑，重云积雾，土壤肥沃，环境优越，为蒙顶黄芽的生长创造了得天独厚的条件。蒙顶黄芽是历史悠久的名茶，北宋范镇的《东斋记事》记载："蜀之产茶凡八处……然蒙顶为最佳也。"时至今日，蒙顶黄芽仍物稀而贵。

蒙顶黄芽的品质特征是：形状扁直，芽肥壮整齐，鲜嫩显毫，黄绿匀净，汤黄明亮，甜香浓郁，叶底嫩黄。

制作蒙顶黄芽的茶叶选用清明前采摘的肥壮、实心的单芽，茶树品种以四川中小叶种、蒙山九号为佳。

蒙顶黄芽不但对茶叶的要求很高，还要求做工精细。蒙顶黄芽制作过程非常复杂，包括杀青、闷黄、复炒、再次闷黄、三炒、堆积摊放、四炒、烘焙八道工序。蒙顶黄芽采用的是传统的炒闷结合的工艺，首先嫩芽杀青，然后用

草纸包裹置灶边上保温变黄,使茶叶发生轻度氧化,引起黄变,并促进黄茶香气的形成。让茶叶在湿热的环境下自然发酵,然后塑形,再闷黄烘干。从鲜叶摊晾到干燥包装一般用时 72 小时。

蒙顶黄芽冲泡出来的茶,汤色黄亮透碧,入口滋味鲜醇,有回甘,甜香浓郁。它茶性温和,不刺激肠胃,含有丰富的茶黄素、茶红素,以及纤维素、维生素等,有利于减肥降脂,同时也不会影响睡眠,适合的人群更广。据检测,蒙顶黄芽的内含成分中水浸出物、茶多酚、可溶性糖、咖啡因、游离氨基酸和香气成分均高于对照组其他产区的黄茶及本产区的绿茶。

(二)茶之饮

1.温杯

泡茶器具最好用透明的玻璃杯,有利于观赏和散热。

用 80—90℃的开水,将玻璃杯温烫一下,使其均匀受热后,弃水。

2.置茶

(1)下投法:轻轻将适量(约 3 克,也可根据个人习惯而定)干茶拨入杯中。

(2)中投法:先将 80—90℃的开水倒入玻璃杯 1/3 处,再将适量干茶拨入杯中。

3.润茶

(1)下投法:将 80—90℃的开水倒入玻璃杯 1/3 处,使茶芽湿透。

(2)中投法:置茶后不必再加水,只需缓慢轻微地转动杯子,让水慢慢地浸润茶叶。

4.冲水

冲泡用水建议首选清澈的山泉水,其次为纯净水。

高提水壶,利用手腕的力量上下提拉冲水,反复三次至七分满即可,雅称"凤凰三点头"。三次注水能冲击茶汤,激发茶性。

(三)茶之赏

蒙顶黄芽的干茶外形:芽条匀整,扁平挺直,肥嫩多毫,黄润。

蒙顶黄芽的茶汤颜色:黄亮透碧。

蒙顶黄芽的叶底性状:全芽嫩黄明亮。

蒙顶黄芽的茶汤香气:花香悠长。

蒙顶黄芽的茶汤滋味:鲜醇回甘。

蒙顶黄芽的干茶及茶汤如图 7-4 所示。

图 7-4　蒙顶黄芽干茶及茶汤

三、抱儿钟秀——霍山黄芽

(一)茶之源

霍山隶属于安徽六安,位于大别山脉腹地,大别山脉千米以上高山尽聚于安徽西部的六安、霍山、金寨、岳西、潜山、舒城等地。沿着大别山的沟谷,自豫南至皖西,形成了一条我国长江以北最为重要的茶叶走廊。

霍山黄芽始于唐,兴于明清,主要产自安徽霍山。在古时,霍山黄芽被誉为"仙芽"。霍山黄芽的历史悠久。据寿州、霍山地方志记载,早在西汉年间,当地便已开始种植茶树。唐朝中期,霍山成为产茶重地,宋代《太平御览》有载:"唐史曰风俗贵茶之名品益众……寿州有霍山之黄芽。"直到明朝,黄茶的制茶技艺才渐趋成熟。

霍山黄芽鲜叶细嫩,因山高地寒,开采期一般在谷雨前 3—5 天,采摘标准为一芽一叶、一芽二叶初展。霍山黄芽要求鲜叶新鲜度好,采回鲜叶应薄摊散失表面水分,一般上午采下午制,下午采当晚制完。

```
茶 百 科
```

"抱儿钟秀"名字的由来

霍山黄芽为什么又叫作"抱儿钟秀"? 这个故事要从唐太宗李世民的妹妹——玉真公主说起。

唐太宗多年未见妹妹,甚是想念,得知妹妹千里送来一包亲手做的茶叶,便命人冲泡了一杯,以解思念亲人之情。茶叶冲好后,唐太宗端起茶杯,只见杯中茶色绿中带黄,黄绿清亮,茶叶形似雀舌,嫩绿披毫,赏心悦目,轻轻抿了一口,顿觉口舌生香,神清气爽。于是连饮三大口,不停地赞道:"好茶,好茶,真是好茶! 这茶叫什么名字?"得知民间只叫"佛茶",并没有正式的名字,于是唐太宗唤人拿来笔墨,亲笔写下御赐茶名"抱儿钟秀",并要求把这款茶纳进贡茶之列。

（二）茶之饮

冲泡器皿:盖碗或玻璃杯。

冲泡用水:纯净水。

茶水比:1:50。

水温:85—90℃。

冲泡时间:第一泡 8—10 秒出汤,之后每泡增加 5 秒,一般可冲泡 4—5 次。

（三）茶之赏

霍山黄芽的干茶外形:条直微展,匀齐成朵,形似雀舌,满身披毫,色泽润绿泛黄。

霍山黄芽的茶汤颜色:黄绿清澈、略带黄圈。

霍山黄芽的叶底性状:嫩黄明亮。

霍山黄芽的茶汤香气:清香浓郁。

霍山黄芽的茶汤滋味:清香持久,有熟板栗香。

霍山黄芽的干茶及茶汤如图 7-5 所示。

图 7-5　霍山黄芽干茶及茶汤

四、叶大梗长的"锅巴香"茶——广东大叶青

（一）茶之源

广东大叶青主要产于广东韶关、肇庆、湛江等地，是黄大茶的代表品种之一，产品以侨销为主。创制于明代隆庆年间，距今已有 400 多年历史。

广东大叶青以大叶种茶树的鲜叶为原料，采摘标准为一芽二三叶，大枝大叶，黄叶黄汤，具有浓烈的老火香（俗称"锅巴香"）。

广东大叶青的制造分为萎凋、杀青、揉捻、闷黄、干燥五道工序。

萎凋包括日光萎凋、室内萎凋和萎凋槽萎凋。不论采用哪种萎凋方法，鲜叶都应均匀摊放在萎凋竹帘上，厚度为 15—20 厘米，嫩叶要适当薄摊，老叶可厚摊。为使萎凋均匀，萎凋过程中要翻叶 1—2 次，动作要轻，避免机械损伤而引起红变。室内萎凋，在室温 28℃ 的情况下持续 4—8 小时即算完成。广东大叶青萎凋程度较轻，与青茶相当，其理化变化程度也大致相似。如果鲜叶进厂时，已呈萎凋状态，则不必进行正式萎凋，稍经摊放，即可杀青。

杀青是制作广东大叶青的重要工序，对提高广东大叶青的品质起着决定性作用。当叶色转暗绿，有黏性，手捏能成团，嫩茎折而不断，青草气消失，略有熟香时即算杀青完成。

揉捻一般用中、小型揉捻机进行揉捻。要求条索紧实，又保持锋苗，显毫。揉捻程度不宜太重。

闷堆是形成广东大叶青品质特点的主要工序。将揉捻叶盛于竹筐中，厚度为 30—40 厘米，放在避风且较为潮湿的地方，必要时上面盖上湿布，以保持叶子湿润，叶温控制在 35℃ 左右。在室温 25℃ 以下时，闷堆时间为 4—5 小时，在室温 28℃ 以上时，闷堆时间在 3 小时左右。闷堆适度时，叶色黄绿而显光泽，青草气消失，发出浓郁的香气。

干燥分毛火干燥、足火干燥。毛火干燥，温度控制在 110—120℃，进行 12—15 分钟，烘至七八成干，摊凉 1 小时左右。足火干燥温度控制在 90℃ 左右。

（二）茶之饮

品饮时，可用一只容量为 100 毫升的盖碗作为泡具、饮具，茶水比为 1：50，投茶量 2 克，水 100 克，泡茶水温宜控制在 95℃ 左右。

主要冲泡步骤：先温茶碗。投茶后，采用螺旋形注水手法，水量达到茶

碗"八分满"后,再盖上茶盖。当茶碗中茶汤的水温降至适口时,趁温热品饮。如觉茶汤淡,可用茶盖拨动茶叶,使茶叶翻滚后再品饮。

(三)茶之赏

广东大叶青的干茶外形:条索肥壮、紧结、重实,老嫩均匀,叶张完整,显毫,色泽青润显黄。

广东大叶青的茶汤颜色:橙黄明亮。

广东大叶青的叶底性状:叶底淡黄。

广东大叶青的茶汤香气:纯正。

广东大叶青的茶汤滋味:浓醇回甘。

广东大叶青的干茶及茶汤如图 7-6 所示。

图 7-6　广东大叶青干茶及茶汤

五、茶中黄金——平阳黄汤

(一)茶之源

平阳黄汤亦称温州黄汤,产于温州平阳、苍南、泰顺、瑞安、永嘉等地,以泰顺的东溪与平阳的北港所产的茶品质最佳。成茶以"三黄",即"色黄、汤黄、叶底黄"闻名。

清朝时平阳黄汤被列为贡品。近代以来,由于工艺失传,平阳黄汤曾一度停止生产,直到 20 世纪 70 年代末 80 年代初才开始重新生产。

平阳黄汤鲜叶一般在清明前后采摘,采摘标准为细嫩多毫的一芽一叶或一芽二叶初展。

平阳黄汤采用非遗传承的"九烘九闷"古法闷黄工艺,黄汤黄叶,滋味浓而不涩、厚而甜醇,兼具绿茶的鲜、红茶的醇,堪称"茶中黄金"。传统的平阳黄汤制作历经摊青、杀青、揉捻、烘焙、闷黄等诸多工序,尤其是采用非遗传承的"九烘九闷"的古法闷黄工艺,全程需要3—7天。由于平阳黄汤闷黄的次数最多、时间最长、黄变最充分,弥补了许多黄茶"黄茶不黄、黄绿难分"的缺陷,因此在各大茶类尤其是黄茶中独树一帜,别具风味。

(三)茶之饮

冲泡前,首先要温杯,以保持合适的温度来进行冲泡。冲泡后,要将玻璃盖盖在茶杯上,保证温度不至于下降过快。茶水比为1∶50,泡茶水温宜控制在95℃左右。

(三)茶之赏

平阳黄汤的干茶外形:条索细紧纤秀,色泽黄绿多毫。

平阳黄汤的茶汤颜色:橙黄明亮。

平阳黄汤的叶底性状:嫩匀成朵。

平阳黄汤的茶汤香气:清高幽远。

平阳黄汤的茶汤滋味:甘醇鲜爽。

平阳黄汤的干茶如图7-7所示。

图7-7 平阳黄汤干茶

茶 百 科

用平阳黄汤制作的宫廷奶茶

黄色浩然大气,是荣华富贵、吉祥如意的象征。清朝康熙、乾隆年间,平阳黄汤被列为浙江的贡茶。清代《续茶经》载:"瓯亦产茶,故旧制以之充贡。"万秀锋等人所著的《清代贡茶研究》认为,浙江的贡茶中,数量最大的不是龙井茶,而是黄茶。黄茶是清朝宫廷烹制奶茶的主要原料,

是浙江地方官督办的主要例贡茶,每年要向宫廷进贡数百斤。另据记载,乾隆三十六年(1771年),茶库给巡热河的乾隆预备六安茶六袋、黄茶二百包、散茶五十斤。据说,乾隆皇帝最喜欢喝用平阳黄汤和君山银针调配的奶茶。《清代贡茶研究》还描述了当时宫廷里用黄茶制作奶茶的配方:牛乳三斤半、黄茶二两、乳油二钱、青盐一两。

任务实施

识别茶样

1.备器

表 7-5 需准备的器具

器具类别	名称	规格	数量
审评器具	茶盘	白色木质 30cm×30cm	3
	茶样	黄茶茶样	3

2.识茶

在规定时间内,辨认出陈列的 3 种黄茶品种以及产地,能够简单描述其品质特征。

任务评价

表 7-6 任务评价表

项目	要求和评分标准	分值	组内评分	教师评分	最终得分
茶样辨识 (40 分)	规范摆放及整理茶样、茶盘	10			
	观察干茶外形,准确说出 3 种黄茶的名字及产地	30			
描述特点 (30 分)	说出指定黄茶的干茶外形特点	15			
	说出指定黄茶冲泡后的滋味特点	15			
推介茶品 (30 分)	结合产地与品质特点,介绍一款自己喜欢的黄茶	15			
	简述黄茶的加工工艺	15			
合计		100			

考核日期: 考核人:

任务四　事茶

任务布置

①了解茶席布置的基本要素
②掌握茶席设计的程序
③能够进行标准的茶席布置

任务分析

一、基本的茶席要素

茶席设计,指以茶为灵魂,以茶具为主体,在特定的空间形态中,与其他的艺术形式相结合的有独立主题的茶道艺术组合设计。茶席设计有以下基本构成要素。

（一）茶品

茶是茶席设计的灵魂。因茶,而有茶席;因茶,而有茶席设计。因茶而产生的设计理念,往往构成设计的主要线索。

（二）茶具组合

茶具组合是茶席设计的基础,也是茶席构成要素的主体,是茶席美感表达最集中的地方。中国古代茶具组合一般都遵循"茶为君、器为臣、火为帅"的配置原则。而现代茶具组合则在实用性的基础上,尽可能地展现更多的艺术性和文化性。实用性决定艺术性,艺术性又服务于实用性。

因此,茶具的质地、造型、体积、色彩、内涵等,应作为茶席设计的重要组成部分加以考虑,并且茶具在整个茶席布局中应处于最显著的位置,以便进行动态的演示。

1.茶具的选择考虑因素

（1）以茶为依据。

不同的茶有不同的茶性,适合的茶具也是不一样的。例如:泡乌龙茶使用紫砂茶具,泡绿茶、黄茶等注重外形的茶建议使用玻璃、白瓷茶具,泡红茶使用大容量茶具,等等。

（2）以结果为导向。

接待客人、观赏品鉴等，需选择不同的茶具。以结果为导向，才能进行适宜的茶具组合搭配。

（3）结合自身情况。

茶具的选择应当考虑当地特色、地域文化等。结合特点来做茶席的整体布置，并与茶席上的其他元素有机结合，这将使茶席的艺术展现更加完整和深层次。

（三）铺垫

铺垫（如图7-8所示），指的是茶席整体或布局物件下摆放的铺垫物，也是铺垫在茶席之下的布艺类和其他质地的物的统称。铺垫的直接作用：一是使茶席中的器物不直接触及桌（地）面，以保持器物清洁；二是以自身的特征辅助器物共同完成茶席设计。

图 7-8　铺垫

（四）空间环境

空间环境设计是茶席设计中不可或缺的部分，整个茶席设计中的背景及茶文化氛围的营造，多是通过对空间环境的设计来体现的。早在宋代，"焚香、插花、挂画"已被人们广泛应用于品茗环境的装饰之中。

焚香在茶席设计中的地位十分重要。它不仅作为一种艺术形态融于整个茶席中，而且它悠长的气味弥漫于茶席四周，使人在嗅觉上得到舒适的体验。

茶席设计中的插花，与一般的宫廷插花、文人插花和民间插花的特点不同,它是为了体现茶的精神的,追求自然、朴实、秀雅的风格。其基本特征是简洁、淡雅、小巧、精致。鲜花不求繁多,只插一两枝便能起到画龙点睛的效果。插花注重线条、构图的美和变化,以达到朴素大方、清雅绝俗的艺术效果。

挂画,又称挂轴。茶席中的挂画,是悬挂在茶席背景环境中书与画的统称。书以汉字书法为主,画以中国画为主。

其他空间环境的设计方式包括相关工艺品的点缀,茶点、茶果的搭配,以及背景环境的设计。

户外茶席设计示例如图 7-9 所示。

图 7-9　户外茶席

二、茶席布设的方法

选择好茶具以后,我们就要考虑如何将它们摆放得更加合理。再好的茶具,乱糟糟地摆放一堆也是没有美感可言的。首先,茶具摆放一般遵循左边干器、右边湿器的摆放原理。其次,茶具的摆设要秉持"以人为本",在整个茶席活动开展的过程中,能使人充分使用双臂与肢体。虽然茶席依照左手持壶和右手持壶可分为左手茶席和右手茶席,但过分集中在单手上,太多的动作都靠单手来完成,这显然是不合理且没有效率的。茶具的摆设需要一定的秩序,即符合一定的人体工程学的要求。可以运用区分主次、有取舍、分疏密、动静结合、呼应、留白等方法布席,形成水平式样、梯形式样、十字形式样等的茶席。

水平式样茶席布置如图 7-10 所示。

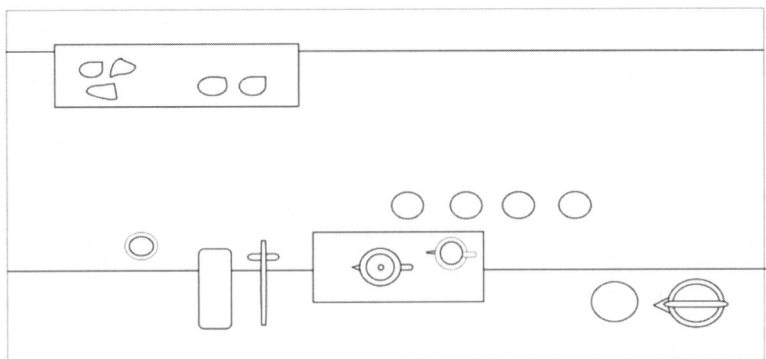

图 7-10　水平式样茶席布置

（一）主次分明

主次分明，才能突出主体地位。席面所表达的主题内容有主次之分，席面的构成也有主次之分。因此，在布席时，不能平等对待所有的器物，更不能喧宾夺主。

1.主泡器

茶席的主体茶具一般为泡茶器，或壶，或碗，或杯，布设于四个交叉点中靠近泡茶者的两个交叉点附近的位置上，以便于操作。

2.公道杯

公道杯根据左手茶席或右手茶席的放置规则，放于主泡器的左前方或右前方，与主茶具呈45°角。

3.品茗杯

品茗杯属于次主茶具，放于公道杯的外侧、手臂自然弯曲时能轻松握取的位置，杯柄（如有）朝向品茗者的右手。

（二）取舍有道

确定了茶席主题之后，茶、器、铺垫、桌旗、插花等均可确定下来。在学习基础茶艺时，常常把茶拨、茶则等放在一个茶匙筒内，有人称其为"茶道六君子"。在日常泡茶时，或者在进行茶席布置时，可根据实际需要，将器具摆放在席面上。

功能类似的器具可以选择其中一个摆放，例如花器，一个足矣，多了反而画蛇添足，不方便操作，也影响美观。

（三）疏密结合

席面上的器物不是越多越好，也不是数量平均、均匀摆放、距离一致为好，而是要讲究疏密结合，巧妙设计，适当留白。疏密结合是构图的一个重要手段。例如，品茗杯的摆放可以集中，而品茗杯和其他器物之间要保持一定的空间距离，才不会显得拥挤局促。

（四）关联呼应

席面中一切器物及色彩之间，都要相互关联，有呼有应，形成一个有机的整体。每一个元素都是相对独立的个体，只有它们互相关联，才能有效地组织席面，为主题思想服务。

茶席上器物呼应的方式有很多，如器与器之间、器与物之间、器与花之间、器物的颜色之间等。如图 7-11 所示，桌旗的米色与盖碗、品茗杯、摆画以及品茗杯花纹呼应，白色桌布和随手泡底座相呼应，其余玻璃器具则和玻璃公道杯相呼应，整个茶席成为一个有机的整体。

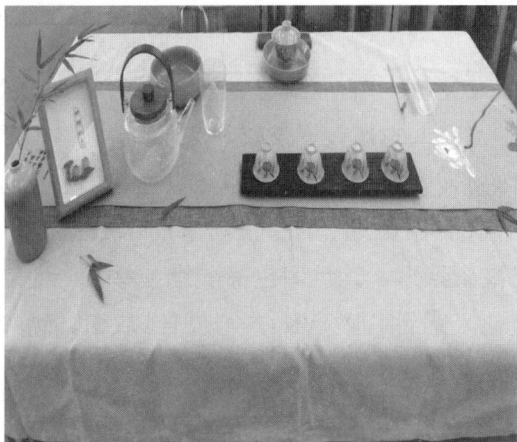

图 7-11 "柿柿如意"主题茶席

（五）立体全面

茶席艺术最基本的"三大构成"为平面构成、立体构成和色彩构成。茶席布设要考虑立体构成。

茶席是一个三维空间，正面、背面、侧面的平视图及俯视图都是一幅二维的画。创作者往往是俯视，欣赏者大多是平视。所以，在垂直这个维度上，可抬高主要器具的位置。突出主体地位，做到错落有致，增加立体感，强化欣赏者平视角度的美感。标准茶席布置步骤如表 7-7 所示。

表 7-7　标准茶席布置

步骤	主要操作内容及标准
选茶具	根据所选的茶叶选择搭配的茶具
确定左右手茶席	左手茶席:煮水器、水盂在左,茶荷、茶道组合在右 右手茶席:煮水器、水盂在右,茶荷、茶道组合在左
布置泡茶区	由泡茶器和公道杯构成的泡茶区位于席主的正前方,且公道杯处于泡茶器的外上位置,两者呈45°左右的夹角
布置品茗区	由品茗杯排列组合而成的品茗区,与泡茶区呈45°左右的夹角
摆放其他茶具、装饰物品	按协调适度,同时不影响泡茶与分茶的便利性的原则摆放其他茶具,根据主体特性及主题立意,选择摆放装饰物品
检查茶席	完美的茶席,应像中国式插花一样,从前后左右四个方向去观赏都呈现出协调和美观

三、品茶环境的氛围营造

(一)灯光

一个好的茶席设计,其中的光线可以满足人的视觉对空间、色彩、质感、造型方面的要求。茶席上的光线不仅仅用来照明,还应具有适应茶席气氛、烘托茶席气氛的作用,以提升茶席格调和品位为目的。所以,茶席中的灯光应当是柔和的、恬静的、温馨的、不过分刺激的,始终为茶席的中心色调服务,并更好地烘托渲染氛围。其色调也需要顺应季节、天气、茶席要求,以及主人心情等变化,让人感到眼睛舒服,内心安详、放松、恬静。

(二)音乐

音乐的选择在茶席布置中是至关重要的,适合的音乐将使人更容易沉浸在茶席设计所营造的氛围中,对于茶席环境的意境营造起着关键作用。背景音乐适合以节拍缓慢、舒适轻松、柔和的音乐为主,似有若无,缥缈若虚,如同从云端传来的天籁一般,使人在茶席上获得镇静、愉悦、轻松、安静的感受。

四、茶艺师的冲泡礼仪

茶艺师是茶席上的茶艺演绎者。所有的茶席设计都源自茶席上的人的主观意愿和表现,所以茶席上茶人的诉求始终是茶席设计的源头。对茶席上演绎者的要求包括服饰、妆容、动作、神态、演绎方法、演绎程度等方面的要求,而且须做到尽可能地与茶席的主题相契合。

茶席上的美始终是一种淡淡的美,文艺静雅的美,让人的感官在获得这份美的同时,受到最低限度的刺激,获得愉悦感受。这就要求茶席上的演绎者将自己的所有行为始终围绕这个点展开,将自己变成茶艺演艺过程中深度、广度、意境、思考、主题的表达者。

茶席之上,茶艺师要将茶席的美学内涵、文化内涵、意境内涵三者完美地展现给其他人,最重要的要素是人。

五、主题茶席的命名与立意

给茶席定一个主题,起一个名字,说明茶席的创作思路、表达的思想及情感,这是茶席创作的最后一步。

(一)命名

一个好的名字,能起到画龙点睛的作用,它是茶席的亮点和内容的高度概括,能精确传达、提炼出茶席的核心思想。

(二)立意文案

立意文案是用来具体诠释作者在设计过程中的思路,对器物、环境等茶席设计方面的巧思妙想,以及对主题思想的融入和思考的。内容包括主题内涵、设计思路、创新点等。

下面,结合具体茶席进行分析。在2019年中国技能大赛——"武夷山大红袍杯"第四届全国茶艺职业技能竞赛总决赛中,"中国茶·茶世界"主题茶席荣获茶席竞赛金奖(第一名)。

1.作品主题

此席以"中国茶·茶世界"为题,诠释中国茶由陆路、海路走出国门,传遍五洲的中心思想。

2.设计思路

中国茶的对外传播主要分为陆路与海路两部分,茶席以万里茶道为背景图,起点为本次全国茶席设计大赛的主办地——武夷山,格外应景。

主茶席分为两部分,展示了茶叶的陆路传播和海路传播。茶席右侧,最底下深色铺垫代表干茶色泽,也代表英文中的红茶"black tea",第二层的铺

垫代表茶汤色泽,最上面的蓝色铺垫代表河流,最终汇入大海。茶席左侧,以世界地图为蓝本,蓝色的茶席布意味着海洋的浩瀚。五洲大陆则以茶叶铺成,表达出茶传五洲的寓意。席中茶盏、茶杯、茶壶好似海中一只只航行的船舶,承载着茶汤,由中国走向世界。

红茶是全球消费量最大的茶类,席中茶叶便选用红茶鼻祖,也是最早出口的茶叶——产自中国武夷山的正山小种,意义非凡。地图上的十杯茶,摆放之处代表的是全球茶叶消费最高的十个国家。

3.表达思想

茶叶的传播之路就是古代的"丝绸之路",丝绸之路不仅让茶行万里,还把中国的瓷器、丝绸一起带出国门,席中选用的茶器具皆以白瓷为主,既能衬托红茶汤色,又能体现瓷器在对外传播中的重要性。通过茶席,表达了"一带一路"倡议的重要思想,彰显出茶传五洲的巨大影响。

4.茶席点评

小小一方空间,展现了大海、陆地、山脉,把中国茶通过陆路传播和海路传播的景象表达得淋漓尽致,这无疑是一个成功之作!在茶席的表现手法上,平面和立体无缝衔接,有效利用空间;用干茶填充出地球上陆地的轮廓;用盛有茶汤的十个白色瓷杯表示世界上茶叶消费量最高的国家……作品表现手法十分新颖。创作者有"茶世界"的气度,有高度、有深度,体现了文化自信。历史上,随着茶的传播,茶的饮用方式、饮茶礼仪等也同时传播,若能在作品中有所体现,则更佳。

任务实施

茶席布置

依据杭州"一红一绿"(西湖龙井、九曲红梅)的茶品特征,构思茶席主题,并进行茶席布置展示,30分钟内完成。

任务评价

表7-8　茶席评分标准

项目	细分指标	分值	组内互评	组间互评	教师评价
主题	茶品特征	15			

续表

项目	细分指标		分值	组内互评	组间互评	教师评价
中心结构	主泡器具		25			
	关照度	大小	4			
		高低	4			
		多少	4			
		远近	4			
		前后左右	4			
舞台效果	色彩搭配		10			
	艺术表达		15			
	情感表达		15			
总分			100			

考核日期： 考核人：

参考文献

[1] 丁以寿.中华茶艺[M].北京:中国农业出版社,2021.

[2] 双福,陈秀花,李珊,等.茶艺茶具全图解[M].北京:化学工业出版社,2014.

[3] 杨学富.茶艺[M].大连:东北财经大学出版社,2015.

[4] 刘晓芬,张祥鸿.茶艺实训教程[M].天津:天津大学出版社,2019.

[5] 张丽娜.茶艺实训教程[M].北京:科学出版社,2018.

[6] 罗军.中国茶典藏:220种标准茶样品鉴与购买完全宝典[M].北京:中国纺织出版社,2016.

[7] 茶的故事.好喝:3分钟爱上中国茶[M].南京:江苏凤凰科学技术出版社,2020.

[8] 吴建丽.茶艺从入门到精通[M].南京:江苏凤凰科学技术出版社,2020.

[9] 石莹,李湘云,张颖.茶事服务[M].上海:复旦大学出版社,2021.

[10] 杨颖,汤金艳,彭惠林.茶艺基础[M].北京:航空工业出版社,2018.

[11] 杨亚军.评茶员培训教材[M].北京:金盾出版社,2009.

[12] 单虹丽,唐茜.茶艺基础与技法[M].北京:中国轻工业出版社,2020.

[13] 王琼.王琼:泡好一壶中国茶[M].南京:江苏凤凰美术出版社,2016.

[14] 周智修.茶席美学探索:茶席创作与获奖茶席赏析[M].北京:中国农业出版社,2021.

[15] 张士康,陈燚芳.调饮茶理论与实践[M].北京:中国轻工业出版社,2021.

[16] 宋联可.宋代点茶[M].北京:化学工业出版社,2022.

[17] 屠幼英.茶与健康[M].西安:世界图书出版西安有限公司,2011.

[18] 李倩.中华茶艺[M].成都:四川大学出版社,2021.

[19] 杨多杰.吃茶趣:中国名茶录[M].北京:生活书店出版有限公司,2022.

[20] 紫晨.二十四节气茶事[M].上海:上海科技教育出版社,2021.

后　记

在本书付梓之际，我们的心中充满了感慨与期待。茶艺，这一融合了中华民族数千年文化底蕴与自然哲学智慧的艺术形式，不仅仅是指冲泡饮用的技艺，更是心灵与自然对话的桥梁，是生活美学的集中体现。

在编撰过程中，我们深感茶艺之博大精深，它是历史、文学、哲学、美学等多领域知识交会、融合的结果。为了准确传达茶艺的精髓，我们深入钻研了古今中外的茶学文献，力求在尊重传统的基础上，融入现代视角，使内容既具历史深度，又不失时代感。同时，我们也注重实地考察，走访茶山、茶园，与茶农交流，亲身体验茶叶的生长环境与采摘过程，这些经历无疑为我们的写作增添了生动的色彩和真实的触感。本书既能成为专业学生的必备读物，也能为茶艺爱好者提供系统的学习指导。

在内容的编排上，我们打破传统，根据我国特有的茶类，一个项目安排学习一类茶的知识，每个项目都围绕某一类茶的知识与应用展开具体叙述。我们希望这样的结构安排，能够帮助读者建立起对中国茶更加清晰、全面的认识，从而在实践中更好地体会中国茶的魅力。此外，我们还特别注重内容的呈现方式，通过图片和视频等形式，展现细节或延展知识。

我们希望这本书能够成为一把钥匙，为更多想要了解茶艺、学习茶艺的人打开一扇门。同时，我们也期待有更多的学者、专家及茶艺爱好者加入对茶艺的研究与传承，共同推动茶文化的繁荣发展。

我们要感谢所有为本书付出辛勤努力的人。特别感谢杭州万向职业技术学院为教学搭建了一个展示成果的平台；感谢浙江素业茶叶研究院和杭州梵隐茶叶有限公司提供的资料与见解；感谢给予我们支持与帮助的专家、学者，你们的智慧与经验是我们的宝贵财富；感谢各位同事、朋友，你们的鼓

励和支持让我们在困难面前更加坚定；更要感谢每一位阅读了本书的读者朋友，是你们的期待与热爱让我们有了不断前行的动力。愿这本书陪伴你们走过一段美好的茶文化之旅。

作　者

2024 年 5 月